丁萍 / 编著

# 好妈妈是最好的心理医生

北京工业大学出版社

图书在版编目（CIP）数据

好妈妈是最好的心理医生 / 丁萍编著. — 北京：北京工业大学出版社，2015.6
　ISBN 978-7-5639-4334-0

　Ⅰ.①好… Ⅱ.①丁… Ⅲ.①儿童心理学②儿童教育—家庭教育 Ⅳ.①B844.1②G78

中国版本图书馆CIP数据核字（2015）第112313号

## 好妈妈是最好的心理医生

| | |
|---|---|
| 编　　著： | 丁　萍 |
| 责任编辑： | 符彩娟 |
| 封面设计： | 元明设计 |
| 出版发行： | 北京工业大学出版社 |
| | （北京市朝阳区平乐园100号　邮编：100124） |
| | 010-67391722（传真）　　bgdcbs@sina.com |
| 出 版 人： | 郝　勇 |
| 经销单位： | 全国各地新华书店 |
| 承印单位： | 北京晨旭印刷厂 |
| 开　　本： | 787 毫米×1092 毫米　1/16 |
| 印　　张： | 17.75 |
| 字　　数： | 270千字 |
| 版　　次： | 2015 年 7 月第 1 版 |
| 印　　次： | 2015 年 7 月第 1 次印刷 |
| 标准书号： | ISBN 978-7-5639-4334-0 |
| 定　　价： | 28.00 元 |

版权所有　翻印必究
（如发现印装质量问题，请寄本社发行部调换 010-67391106）

前言 Preface

孩子还没有出生的时候，妈妈总是会忐忑地期盼着孩子的到来。每个即将成为母亲的女人，在怀孕期间都经历了焦虑、怀疑、欣喜等各种不同的心理感受，孩子降生之后，又要陪着自己的孩子一天天长大。对妈妈来说，也许这种感受就是一生中最幸福的了。

随着孩子的长大，年轻的妈妈通过每天的观察和接触逐渐认识了自己的孩子，甚至把自己所有的精力都放在了这个可爱的孩子身上。但是你所给予的是孩子最想要的吗？孩子到底在想什么？他到底想要什么？是该让孩子做妈妈喜欢的事情还是妈妈做孩子喜欢的事情？相信这些问题并不是每个妈妈都能正确地回答出来，也就是说，很多妈妈并不是真正地了解孩子。

那么，孩子真正需要的爱是什么样的呢？孩子的小脑瓜里到底在想些什么？妈妈们总是对这个问题感到困惑。孩子年纪尚幼，不善于用语言表达想法，更倾向于用行动来表达自己的感受。

为了让妈妈们能够更好地了解自己的孩子，解开孩子的心灵秘密，本书对孩子平时容易发生的心理问题做了详细的介绍，并提出了简单易操作的解决办法。此外，对于妈妈们可能走进的一些教育误区，本书也进行了提示，希望能够帮助妈妈们避开这些教育中的暗礁，让孩子更健康、更轻松地成长。

"孩子为什么喜欢扔东西？""孩子为什么会有攻击性？""我的孩子犯了错误总是想尽办法去狡辩，该怎么办？"想必很多家长都曾经有过诸如此类的疑问，其实这些"怪行为"都是孩子成长中的正常现象。那么怎样才能更好地帮助孩子成长呢？在本书中能找到答案，同时你还会明白应如何对待孩子的这些"怪行为"，如何给孩子减压，如何更有效地与孩子沟通以及如何打造一个对孩子成长更有利的家庭环境等内容。

俄国大文学家托尔斯泰曾经说过："爱孩子是老母鸡都会干的事，关键是怎样教育孩子。"孩子是一个独立的个体，他虽然是父母生命的延续，但他有自己独特的思想、灵魂和生活。他需要自由，需要拥有自己的梦想，更需要父母的理解和爱。其实，只要父母在了解孩子的心理方面多下些功夫，实实在在地为了解孩子做出一些努力，而不是用这些时间去和别人诉苦、抱怨，那么，孩子的心思其实并不那么难猜。只有认真观察孩子，时刻倾听孩子的心声，并且有意识地把心理学运用到教育中的父母才能真正知道孩子的小脑瓜里正在想些什么，也只有这样才能教育出真正优秀的孩子。

## 第一章 和孩子建立"心"的联系

密切关注孩子的情绪 …………………………………… 002
不要擅自剥夺孩子应得的母爱 ………………………… 004
别把自己的想法强加给孩子 …………………………… 006
蹲下来,从孩子的角度看世界 ………………………… 008
母爱是孩子心理的"安全岛" ………………………… 010
"妈妈"不只是称呼,更是一种责任 ………………… 012

## 第二章 你了解你的孩子吗

动作发展是渴望独立的信号 …………………………… 016
提前训练对孩子是好还是坏 …………………………… 018
青春期来临,大脑也变化 ……………………………… 020
孩子为什么会情绪化 …………………………………… 022
孩子的迷茫期,你知道吗 ……………………………… 024
男孩比女孩聪明吗 ……………………………………… 025
任何一个孩子都有自己的隐私 ………………………… 027

## 第三章  破解孩子言行背后的心理真相

孩子为什么爱扔玩具 ································ 032

偷东西的孩子就是"贼"吗 ························ 034

孩子的攻击性行为从何而来 ······················ 036

孩子犯了错误为什么总是狡辩 ··················· 038

骂人的孩子不一定是坏孩子 ······················ 039

孩子任性其实是一种心理需求 ··················· 041

如何看待孩子的攀比心 ····························· 043

孩子是在自残吗 ······································ 044

不分享,就是自私的表现吗 ······················· 046

## 第四章  不能错过的孩子敏感期

敏感期决定孩子的一生 ····························· 050

视觉的敏感期 ········································· 051

教孩子认识世界的颜色 ····························· 054

听觉的敏感期 ········································· 055

让孩子的听力更上一层楼 ·························· 057

口的敏感期 ············································ 058

给孩子最直观的味觉认知 ·························· 060

嗅觉的敏感期 ········································· 062

教孩子认识更多的气味 ····························· 064

触觉的敏感期 ········································· 066

玩沙、玩水也是触觉锻炼 ·························· 067

动作的敏感期 ········································· 069

让孩子体会改变世界的乐趣 ······················ 071

语言的敏感期 ········································· 072

学习语言，从重复和模仿开始 …………………………… 074

## 第五章　确定孩子性格，发现性格优势

认可孩子的天性 …………………………………………… 078
测试：确定孩子的"型号" ………………………………… 080
注重提高领袖型孩子的情商 ……………………………… 086
注重激发和平型孩子的斗志 ……………………………… 088
鼓励完美型孩子接受不完美 ……………………………… 090
帮助助人型孩子设定付出底线 …………………………… 092
帮助成就型孩子正确认识成功 …………………………… 094
引导浪漫型孩子珍惜已有事物 …………………………… 096
鼓励思考型孩子要及时行动 ……………………………… 098
让怀疑型孩子学会相信他人 ……………………………… 100
引导活跃型孩子学会承担 ………………………………… 102

## 第六章　帮助孩子安然度过叛逆期

孩子的反抗其实是长大的体现 …………………………… 106
自我意识觉醒的"第一抗逆期" ………………………… 108
孩子"第二抗逆期"，妈妈勇敢放手 …………………… 110
帮助孩子平稳度过抗逆期 ………………………………… 112
人生中的两大"水泥期" ………………………………… 114
利用"水泥期"塑造好性格 ……………………………… 116
青春期萌动，重在疏导 …………………………………… 118
给孩子一个宣泄的空间 …………………………………… 120

## 第七章　用智慧解决孩子的"疑难杂症"

妈妈以身作则,帮孩子戒掉"电视瘾" ……… 124
用阅读和大自然对抗电视的诱惑 ……… 126
孩子沉迷网络,应该如何应对 ……… 128
做孩子的网络导航员 ……… 130
电脑游戏是非多,巧妙利用能立功 ……… 132
如何和游戏上瘾做斗争 ……… 134

## 第八章　及时防治孩子的不良心理或疾病

恐惧症:生活在黑暗中的孩子 ……… 138
抑郁症:童年是灰色的 ……… 140
缄默症:沉默不语的孩子 ……… 142
感觉综合失调:都市儿童的流行病 ……… 144
孤独症:蚂蚁比小伙伴更有吸引力 ……… 146
怀疑癖:樱桃到底是什么颜色的 ……… 148
强迫症:不断洗手的孩子 ……… 149
不正常的占有欲:丧失自我的"物质小奴隶" ……… 151

## 第九章　怎样说孩子才会听,怎样听孩子才会说

积极倾听,永远都是沟通的第一步 ……… 156
妈妈唠叨得越多,孩子听得越少 ……… 158
"听话教育"压迫着孩子的心灵 ……… 160
妈妈遇事多商量,孩子遇事不隐瞒 ……… 162
南风效应:温暖的沟通法最得孩子心 ……… 164
做"听话"的妈妈,尊重孩子的说话权 ……… 166

## 第十章　有意识地锻炼孩子的心理承受能力

你的孩子是不是个"瓷娃娃" …………………………… 170
增强自我认知能力,坚强面对挫折 …………………… 172
世界"不公平",心情要平静 …………………………… 174
正确看待挫折教育 ……………………………………… 176
鼓励孩子从失败中吸取教训 …………………………… 178
让孩子尝到坚持的果实 ………………………………… 180

## 第十一章　教育反思,妈妈要走出的教育误区

好孩子不是"管"出来的 ……………………………… 184
懂得保护孩子的梦想 …………………………………… 186
看似"没用"的书,也许最有用 ……………………… 188
奖励很重要,选错可能毁一生 ………………………… 191
别用贿赂向孩子要成绩 ………………………………… 193

## 第十二章　开拓孩子潜力从孩子心理入手

孩子的进步离不开妈妈的表扬 ………………………… 198
珍惜孩子的每一次成功 ………………………………… 200
和孩子一起设计奋斗目标 ……………………………… 202
要求从低到高,每天进步一点点 ……………………… 204
成绩不是衡量好坏的唯一标准 ………………………… 206
如何对待学习压力大的孩子 …………………………… 208

## 第十三章　交流密码，做孩子最好的心灵导师

妈妈，我怎么和别人不一样 …………………… 212

理解孩子，小孩也会"心累" …………………… 214

哭不代表懦弱，把哭的权利还给孩子 …………… 216

开心的父母才有快乐的孩子 …………………… 219

帮孩子拒绝外界的不良诱惑 …………………… 221

积极暗示，让孩子摆脱坏心理 ………………… 223

## 第十四章　建立自信，让孩子勇敢地去交朋友

接纳自己是自信的前提 ………………………… 228

培养孩子的自信，从生活细节入手 ……………… 230

学以致用，让孩子在交往中变得宽容 …………… 233

纠正孩子的依赖心，远离社交恐惧 ……………… 235

训练勇气，让孩子在社交场合不退缩 …………… 238

别以"保护"的名义"离间"孩子 ……………… 240

## 第十五章　爱得多不如爱得对，提高爱的质量

爱，是不带条件的 ……………………………… 244

有一种错叫溺爱 ………………………………… 246

"我都是为了孩子好"是谬论 …………………… 248

不当母爱毁掉孩子一生 ………………………… 250

母爱父爱大不同 ………………………………… 252

职场女性也能做个好妈妈 ……………………… 254

## 第十六章　重视环境，为孩子创建美好的避风港

别让不良环境毁了孩子的未来 …………………………… 258
每个坏孩子的背后都有不称职的父母 …………………… 260
蕴于生活的身教更具说服力 ……………………………… 262
幸福的家里没有"瘾君子" ………………………………… 264
父母齐心，才能教出好孩子 ……………………………… 266
不完整的家庭也可以很温暖 ……………………………… 268

# 第一章
## 和孩子建立"心"的联系

密切关注孩子的情绪

不要擅自剥夺孩子应得的母爱

别把自己的想法强加给孩子

蹲下来，从孩子的角度看世界

母爱是孩子心理的"安全岛"

"妈妈"不只是称呼，更是一种责任

## 密切关注孩子的情绪

著名教育专家魏书生说过:"走入孩子的心灵世界中去,你会发现那是一个广阔而又迷人的新天地,许多百思不得其解的教育难题都会在那里找到答案。"

深冬的早晨,在一个犹太社区中心健身房外的走廊里,有个两岁的男孩突然大发脾气:他先是一下子趴到地下,紧接着是躺在地上滚来滚去,大声地哭叫了起来。周围的人来来往往,而这个小男孩依旧任性地躺在地上不起来,而且哭叫声越来越大。

这个时候,他的母亲就在他身旁,却一句话都不说,先是放下手里的包袱,然后蹲下来,再接着是坐下来,后来索性全身趴在地上,使她的头和儿子的头成了一个水平线,两个人的鼻子也碰在一起。走廊里来来往往的人越来越多,大家都小心地绕开他们,尽量不去注意他们。母子两个旁若无人地趴在那里好半天。

最后,孩子脸上的愤怒慢慢消失,显露出平静,哭叫声变成了耳语,终于把哭红的小脸靠在地板上,他的母亲也同样把脸贴在地板上。孩子看母亲,母亲就看孩子。最后孩子站起来,母亲也站起来。母亲拿起丢下的包袱,向孩子伸出手来。孩子抓住了母亲的手。两人一起走过了长长的走廊。

到了停车场,母亲打开车门,把孩子放在儿童座上扣好,亲了一下他的额头。这个时候孩子的情绪已经变得非常安稳。而在这整个过程中,当母亲的居然没有说一句话。在一旁一直跟踪观察他们的人，简直要情不自禁地为这位母亲鼓掌！

这位母亲自始至终没有说一句安慰孩子的话，但是却将孩子的情绪安抚好了。那么，究竟是什么样的力量使母亲安抚了这个原本情绪不平静的孩子呢？"理解和接受是一种无形的力量，会将人从沮丧中救出来"，西方一个哲学家的名言在这里可以说是最好的答案。

在日常的生活中，可能很多人都有这样的经验：当被人理解之后，内心就会感到温暖。在这种情况下的人通常容易打开心扉畅所欲言。而当一个人感到自己不被人理解的时候，内心就会感到委屈孤独，什么都不愿意说，甚至是刻意疏远别人。

成人如此，孩子也一样。所以，家长在注重爱护孩子、教育孩子的时候，也应该设身处地地把自己放在孩子的角度考虑他是否可以接受。就如文章中的那位母亲一样，在孩子突然发脾气的时候，不是去指责他，而是关注孩子的心理，去体会孩子的感受，从而让孩子心情渐渐平复，可以说，这就是那位母亲安抚孩子的力量。

孩子的心灵是很脆弱的，"忧郁"这个词常常在孩子的人生中成为一大阻碍，孩子会因为不同的事情绪低落。妈妈是孩子最好的呵护者，也应是孩子最好的心理治疗师，因此要密切注意孩子的情绪发展状态。当孩子出现负面情绪时，要站在孩子的角度分析他的顾虑，及时帮他理清自己的情绪，甩掉心理的包袱，让孩子步履轻盈地走过成长之路。

小静家境优越，又是家中独女，所以从小就被家人寄予很高的期望，她对自己的要求因此也很高，成绩一直很优秀，每次考试总是名列前茅。直到有一次期中考试前，小静因为感冒发烧没有复习好，所以那次考试不是很理想，为此小静一直闷闷不乐。尽管她的父母并没有因这次考试责怪她，但是也并未将她的闷闷不乐当回事，对她多加安慰。从那以后，小静的心情再也没有像以前那么好了，还患上了感冒，久不见好，小静妈妈很担心，带她

去医院，但是成效也不大。为此，小静妈妈为女儿请了假，并和班主任谈论了小静的情况。班主任也发现，自从期中考试后，小静就开始沉默寡言。后来，小静好像封闭了自己，成绩下降，记忆力下降，人也不再开朗……

许多家长认为，给孩子最好的物质生活，让他衣食无忧就行了，却很少注意孩子精神上的需求，认为那无关紧要。但实际上，这最容易被家长忽视的，往往就是孩子成长过程中最重要的东西。不被重视的失落感、失去自由玩耍的机会等，这些都有可能成为影响孩子抑郁的原因，可能会让孩子感到不快乐、忧郁和恐惧。

作为父母，在孩子成长的任何阶段，都应该密切关注孩子的情绪变化，深入地去了解孩子的内心感受，及时做出心理疏导，这样才能够帮助孩子恢复正常的心理状态，健康快乐地成长。

 ## 不要擅自剥夺孩子应得的母爱

一对夫妻在事业上非常有成就，结婚生子后，两个人一起到国外去攻读博士学位，临行前他们将孩子托付给爷爷奶奶照顾。三年之后，他们学成归来，把孩子接回了自己家。孩子刚接回来的时候还挺乖的，可没过多长时间他就开始跟爸爸妈妈较劲，不服管教。爸爸妈妈也发现孩子身上有许多爷爷奶奶惯出来的坏毛病，于是他们千方百计地想把孩子的这些坏毛病纠正过来。结果，父母和孩子之间的战争不断，大人烦恼、孩子生气，一家人整天都处在不愉快的氛围中。

这个家庭出现的问题，其根本原因是孩子没有在父母的身边长大。孩子刚

接回来时乖巧的样子是因为他跟父母还不熟悉,之后开始跟父母"叫板",并提出很多无理要求,这是孩子开始在心理上依恋父母的表现。孩子从小远离父母,没有体会过和妈妈的绝对依赖关系以及在妈妈怀里的安全感,所以孩子需要补偿。

这个补偿的过程同时也是孩子退化的过程,他会突然变得不如从前,甚至越来越爱犯错误。其实,他只是在试探妈妈是不是真的爱他,是不是会无条件地接受他。经过顶撞和冲突,亲子关系大多会变得更加亲密。如果孩子接回来之后一直都很乖巧,从来不知反抗或顶撞,这才是最可怕的现象。因为这样的孩子很难对父母敞开心扉,他对待父母可能会一直客客气气的,就像对待陌生人一样,那时候父母要想进入孩子的世界,就更加困难了。

在儿童成长发育的关键时刻,他会和日夜照料他的妈妈建立起强烈的母子感情,这种强烈的情感是维系母子亲情的纽带。而早年没有得到妈妈照顾的孩子并没有建立起这种感情纽带,和妈妈的心理距离很远,再加上生活习惯有差别,母子之间极有可能互相看不习惯。由于没有感情,妈妈教育孩子的时候通常也不会手下留情,孩子对妈妈的教育也不情愿接受。时间长了,母子之间没有形成感情依恋,反而形成了强烈的心理对抗,冷漠的种子也就埋下了。

与父母长期分离对孩子的成长十分不利,严重者会导致儿童性格上的缺陷。因此,父母要尽量在孩子身边,使他能够健康快乐地成长。

有一对夫妇离婚了,5岁的儿子由父亲抚养。一段时间之后,孩子开始不吃东西,也不说话,经常哭闹,后来到医院经过精神科医生的诊断后发现孩子已经患上了儿童抑郁症。在医生的建议下,孩子的妈妈把孩子接到身边,经过妈妈精心的照顾,尤其是感情上的抚慰和交流,孩子终于又开口说话了,也慢慢恢复了儿童应有的天真烂漫。

这是一个典型的由于母爱被剥夺而罹患儿童抑郁症的病例。因为孩子被强制剥夺了得到妈妈关爱和呵护的权利,所以孩子在心理上产生了强烈的不安全感。母爱被剥夺除了可能引发儿童抑郁症之外,长大成人之后也很容易受到刺

激惹患各种心理疾病,或者形成过于内向、胆小的个性特征。

因此,父母一定要利用一切机会多与孩子在一起,与孩子进行感情的交流,培养孩子与父母的感情。有些父母因为工作的关系,一旦孩子不吃奶了,就送到外地交由他人抚养,等到上学时再把孩子接回来。其实,这种做法对孩子的伤害是很大的,因为一旦错过了与孩子发展亲密关系的"关键期",父母与孩子就很难再建立亲密的关系了。感情的疏离会给孩子的心理带来无可挽回的伤害。

孩子在出生的头几个月就和他的妈妈发生了广泛而持久的联系,这相当于经历了一个敏感的社会化阶段。这种联系的目的不完全是从妈妈那里获得物质报偿,更重要的是形成一种稳定的依恋关系。只有早期建立了这种牢固的依恋,成年后他们才有和其他人建立良好人际关系的可能。

孩子有了被爱的经历,他长大后才会爱别人、爱社会,才能友好地与他人相处。所以为了孩子的未来,父母要尽量做到以下几点:

1. 提高做父母的敏感性,及时地回应孩子的需求。
2. 多和孩子做亲密的身体接触,婴儿抚触操就是一种很好的方法。
3. 按照孩子的需求调整自己的行为,不要把自己的意识强加给孩子,不能心情好时就和孩子玩,心情不好时就拿孩子出气。

## 别把自己的想法强加给孩子

小伟从幼儿园回家后就一直在看动画片。外婆烧好了饭菜,叫道:"小伟,吃饭啦!"小伟没有回答。过了一会儿,外婆又叫道:"小伟,快来呀,要不饭菜都要凉了。"小伟头也不回地说:"我不要吃饭,我要看动画片。"

听到小伟的回答,外婆对坐在一旁的外公使了个眼色,于是外公趁小伟不注意，悄悄把电视频道给换了。小伟立刻大哭大叫起来，外婆好说歹说小伟都听不进去。最后外公狠狠打了小伟屁股两下，才把小伟拉到了饭桌旁。但小伟是一边哭着一边吃饭的，看到这种情况，家里的其他人这顿饭也都吃得没滋没味……

相信很多家庭都遇到过类似的情况。有的时候大人们为了减少"麻烦"，干脆就把饭菜端到电视机前，让孩子一边看一边吃。其实这些做法对孩子的身心健康都会产生不利影响。

人与人各不相同，如果以自己的心思去揣度别人的心思，就很容易产生错误的判断。作为父母，要时时刻刻设身处地地为孩子着想，尽力去理解孩子的感受，同时也要教会孩子学会设身处地地理解别人。

比如上边的例子中，大人不爱看动画片，但是小孩爱看；大人喜欢按时吃饭，但孩子并不在乎。父母应该尊重孩子的喜好，或者采取适合的策略去影响孩子。比如，可以给孩子两个选择，要么"看完动画片，马上来吃饭"，要么"再看两分钟就来吃饭，然后吃饭后还可以再看一个动画片"。让孩子自己做出选择和决定，这样执行起来就会比较容易。

父母们必须承认，孩子正在逐渐成长为一个独立的个体，他们有自己的个性、兴趣、需求以及情感表达方式。父母应该学会站在孩子的立场上去理解孩子的感受，满足孩子的需要。父母在做出判断前，首先应该让孩子表明自己的想法，然后再与孩子商讨得出合理的解决办法，同时根据孩子的特点、条件，给予合适的指导。在和孩子发生冲突的时候，父母一定要注意不要搞"一言堂"和专制主义，不能只允许自己发布命令，不允许孩子表达意见。比如父母认为学一门乐器很重要，因此就不管孩子是不是喜欢，逼着孩子去学习。

不考虑别人的感受和看法，一切只从自己的意志出发，这就是心理学上的"投射效应"，也就说把自己的想法不分情况地投射到别人身上，强迫别人接受自己的意见。这在家庭教育中是应该避免的。"投射效应"提醒我们，父母和孩子对很多事情的看法和感受可能是截然不同的。父母不应该把自己的主观意志强加给孩子。在有些非原则性的问题上，父母其实完全没有必要强求孩子，在这些事情上，父母应该尽量尊重孩子自己的意愿。

为了避免"投射效应"，父母应该学会换位思考，试着把自己放到孩子的位置上去观察问题。当发现孩子在自己的抽屉上加了锁的时候，可以参照孩子那个年龄阶段的心理特点去理解，更简单的方法就是回忆自己在同样年龄的时候的心理特点，这样就很容易理解孩子的心理，进而理解孩子的行为。

除了自己要避免对孩子的"投射效应"，也要注意引导孩子不把自己的意愿强加给别的小朋友，要教孩子站在别人的角度去理解他人的感受。比如当孩子打了其他小朋友的时候，首先要问清楚打人的原因，防止自己误解孩子。当明确了原因，这时就可以引导孩子站在别人的角度思考问题。可以问他："要是因为这个原因别人打了你，你会不会不开心呢？你现在打了别的小朋友，他也很难过，你最好去跟他道个歉。"

有时候为了教会任性的孩子理解别人的感受，父母还可以采用"角色转换"的方法。比如，让任性的孩子去照顾比自己还小、还任性的孩子，从而让孩子体会到自己的"任性"给别人带来的麻烦，相信有了这些体会之后，孩子就很容易改变这个坏习惯了。

## 蹲下来，从孩子的角度看世界

在一个圣诞节的晚上，一位年轻的妈妈带着5岁的女儿去参加圣诞晚会。热闹的场面，丰盛的美食，还有圣诞老人的礼物……妈妈兴高采烈地领着女儿和自己的朋友们打着招呼，她原本以为女儿也会很开心。但是女儿几乎哭了起来，还坐到地上，鞋子也甩掉了。

妈妈气愤地一把把女儿从地上拉起来，大声训斥一番之后，蹲下来给孩子穿鞋子。在她蹲下来的那一刹那，她惊呆了：她眼前晃动着的全是大人的屁股和大腿，而不是自己刚才所看到的笑脸、鲜花和美食。她忽然明白了女儿为什么会不高兴，因为她蹲下来的高度正是女儿的身高。这一次，她知道了，只有"蹲下来"和孩子一样高，妈妈才能理解孩子的感受，才能真正和孩子去沟通。

"蹲下来"，不只是指在生理上尽量与孩子保持相同的高度，而更重要的是指在心理上的高度要平等，以平等的态度和眼光把孩子看成一个同样需要尊重的独立的人。其实，是否"蹲下来"与孩子说话，只是一种方式问题，重要的是在妈妈心中，是否把孩子真正当作和自己一样，是具有独立人格的个体，这才是问题的本质。只有妈妈在心理上不再居高临下，与孩子完全处于平等的地位时，孩子才会把他的真实想法告诉你。这就是孩子为什么喜欢把心里话对自己的朋友说，却不愿与妈妈说的原因。

美国一位精神病学家曾经说过："教育孩子最重要的，是要把孩子当成与自己人格平等的人，给他们以无限的关爱。"尊重孩子，认识到孩子也是一个独立的人，有自己的情感和需要，放下做妈妈的架子，使孩子觉得妈妈和自己是平等的，这是妈妈为了孩子的健康成长而应做的。

可是，在现实生活中，我们经常看到的却是妈妈站在那里，大声呵斥孩子："过来！""别摸！"从说话态度来看，妈妈用居高临下、命令式的语调和孩子说话显得很威风，可是此时在孩子心目中的妈妈，却并不可敬，自然这样的沟通效果就不会好，而且妈妈也很容易失去威信，时间长了妈妈说的话孩子不会听，有些孩子还会产生厌恶妈妈的情绪。无数事例证明，只有妈妈转变姿态，像对待朋友那样去关爱子女，才有可能让孩子感受到平等。

无论孩子的想法多么幼稚，多么没有道理，妈妈也要学会耐心倾听，让孩子尽情倾诉。妈妈只有"蹲下来"和孩子说话，真正同孩子建立起一种平等的朋友关系，才能拉近彼此间的距离，更好地进行沟通和交流；也只有这样，妈妈对孩子的教育才会越来越容易，妈妈同孩子之间的紧张关系才会得到改善，家庭才会越来越和睦。

总之，"蹲下来"和孩子说话，是增强孩子独立意识的有效方式。"蹲下来"说话，不仅是一种行为的表现，也是一种教育观的体现。只有怀着崇高的

责任心和热切的期望才能"蹲下来";只有把孩子看作平等的个体才能"蹲下来"。而只有"蹲下来",妈妈才能平视孩子,才能获得和孩子真正交流的机会,才能真正明白孩子心中所想以及他们行为的真正动机。

另外需要提醒父母注意的是,理解孩子的内心感受只能解决问题的一半,更重要的是确认自己的判断与孩子的真实想法是否一致。如果得到孩子的认可,可以采取针对性的解决办法;如果自己的想法与孩子的不一致,那么就要继续引导孩子对自己的行为做出解释,然后再根据具体情况慢慢引导孩子。

## 母爱是孩子心理的"安全岛"

母子关系主要影响孩子的情绪和情感表达方式。根据有关研究调查发现,成年人很多种心理疾病和障碍,都与童年时期缺乏爱,特别是缺乏来自妈妈的爱有关。

孩子在1岁以前,如果得不到来自妈妈的足够的爱,就有可能会造成性格方面的缺陷,甚至形成人格或行为障碍。心理学家认为,妈妈与孩子的关系是依赖性的,这种依赖性是除了妈妈以外任何家人都无法给予和替代的。这是因为,孩子需要妈妈的抚养,不仅是生理上的需要,吃、喝、换尿布,也需要妈妈的爱,而来自妈妈的爱可以让孩子形成充分的安全感。这种安全感,对今后孩子自我认知的发展以及自信、自尊等心理素质的发展,都有着至关重要的作用。

美国心理学家艾恩斯沃斯曾经做过一项"陌生情景"法的实验:他通过观察婴儿与母亲短暂分离、处在陌生情景中的反应和行为表现,来测定母婴依恋的模式,判断孩子是否具有安全感。实验发现:妈妈离开时没有反应,回来时也不拥抱孩子,那么孩子对妈妈是回避的态度,这样的孩子安全感较弱。而那种妈妈在场时很主动地探索周围，妈妈离开时哭闹一下，但很快就自主玩了，妈妈回来拥抱亲吻以后，能很快地平静下来接着玩的孩子，才是拥有健康亲子依恋关系也很有安全感的孩子。

母爱是孩子心理的"安全岛"，是孩子培养快乐的基地。刚刚出生的婴儿被妈妈抱在怀里吮吸乳汁时，他的一双小眼睛总是跳动着欢快的火花望着妈妈，显得那么舒服、那么自在。小孩子在妈妈身边可以无忧无虑地跑跳，遇到陌生人时就会紧紧地抱住妈妈，或是悄悄躲在妈妈的身后……这一切都说明，只有母爱，才能使孩子感到安全，才能让孩子毫无顾虑地去探索、发展，才能让孩子健健康康地成长。

琪琪从一出生，就得到了爸爸妈妈无尽的关怀和爱护。与多数妈妈不同的是，琪琪的妈妈会毫不吝啬地对女儿表达自己对她的爱意，告诉女儿妈妈爱她。两三岁的时候，琪琪似乎比同龄的孩子好奇心更强，更勇于探索。她可以坦然地摆弄家里的每一件物品，放心地和小朋友捡树叶、蹲在蚂蚁洞旁边看蚂蚁，胆子比一般大的女孩大很多，而且特别自信，在幼儿园里可以完全自理，不需要老师过多照顾她，有时还能帮老师的忙一起照顾安慰其他小朋友。琪琪的妈妈觉得，女儿之所以如此"胆大心细"，正是因为在她小小的心里肯定了这样一件事——无论何种情况下，她都不会失去爸爸妈妈的爱，所以她是安全的。

爱孩子是每一个妈妈的本能反应。但是，有爱不代表就能让孩子感到快乐，不代表孩子就能感受到生活的幸福。妈妈的爱，只有让孩子感受到，才能让孩子感到安全、感到幸福。就像苏联教育家马卡连柯所说的那样："没有父母的爱所培养出来的人，往往是有缺陷的人。因此，社会要使它的每一个成员——不管他是多么幼小——都得到真正的父母之爱。"

作为孩子的妈妈，应该尽可能多地抽出时间和孩子在一起。每个孩子都需要从妈妈那里得到足够的重视。在每天工作之余，妈妈要尽量腾出一些时间参加孩子的游戏，和孩子一起读书，为孩子提供接触外界的机会，学会倾听孩子的心声，和孩子一同成长。

## "妈妈"不只是称呼，更是一种责任

有一位年轻的妈妈，很幸运地生了对双胞胎女儿，因为一个人带不过来，就把大女儿送给了奶奶带，小女儿自己带。过了两三年，孩子大了一些，奶奶就把大女儿送回妈妈身边，让她自己带两个孩子。小女儿和妈妈始终非常亲，可是妈妈和大女儿之间却像隔着一堵墙那样疏远。大女儿管奶奶家叫"咱们家"，把自己的家称为"他们家"，从自己家往奶奶家拿东西非常开心，可是从奶奶家往自己家拿东西却老大不乐意。这位妈妈感慨地说："为了贪图轻松，我把大女儿弄丢了。"

"妈妈"并不是一个简单的称呼，也不是喂孩子、洗衣服、打扫卫生的代名词，这个词代表着一种责任，是一项伟大而神圣的职业。

有这样一种说法：上帝之所以先造出男人，并不是因为男人比女人优秀，而是因为男人比女人容易造。上帝先尝试着造出男人，试验成功之后才去造女人。当上帝把女人造出来以后，上帝创造人的任务也就完成了，因为上帝把这个任务交给了女人。这样看来，妈妈的工作正是上帝的工作。

妈妈的工作不能由别人代替，孩子的教育必须由妈妈承担。早教培训机构的老师总是会反复强调，孩子出生后第一时间就要让孩子趴在妈妈胸前，倾听妈妈的心跳声，因为这是他在妈妈肚子里听过的最熟悉的声音，认准了妈妈，他以后会和妈妈最亲，并且产生最初的安全感。

孩子是情感丰富的高级动物，他不光需要食物，更需要心灵的哺育。现代社会的压力很大，很多妈妈没有办法全职在家里教育孩子，但是作为妈妈，你可以雇人来帮助照料孩子，分担家务，但是对孩子的教育和平时的管教，妈妈一定要承担起自己的责任。陪伴孩子、教育孩子是妈妈的天职，不能把孩子完全推给保姆、爷爷奶奶、外公外婆。

在一个电视节目中，主持人采访了一个小孩子，他9岁时离家出走，在外面流浪了三年。

主持人问他："你在外面流浪时最想念的是谁？"

孩子说："最想我妈妈。"

"你怎么想的？"

"我总是想等我有了钱，一定要买辆汽车把我妈妈接出来。"

孩子为什么那么想他的妈妈呢？他讲述了一件曾经感动了自己的事情。

有一年，家里喂养的母猫难产。孩子的手小，于是妈妈让他帮母猫把小猫拽出来。"当时那只母猫叫得很惨，"孩子说，"有一只小猫的身子已经拽出来了，但头还留在身体里。就在母猫惨叫的时候，我妈说了一句话，'生你的时候也是这样难！'我当时被深深地感动了，心想我妈真不容易！"说到这儿，孩子大声哭了，他的妈妈也哭了。

上帝选择女人来完成他的工作，不仅是因为女人能够繁衍子孙，更是因为女性所具有的特质——善良、耐心、勤劳、温柔，这些特点填充了孩子在父亲影响下形成的思维世界，让他的精神在正义、勇敢的筋骨下，充满感性的血肉。

缺乏母爱的孩子也很容易多疑，不相信任何人，对生活也没有眷恋和感激。如果一个孩子从小就没有享受到全心全意的保护，那么他将成为一个冷漠的人，很难建立起对他人的信任。即使有一天他成就了大事，但却可能已经丧失了从成就中体会快乐的能力。

我们不能责怪他的冷漠，因为属于他的那份温柔抛弃了他。一个从来不曾感受母爱的温暖的人，是可怜的人，他心灵上的那些美好的情感，还没有来得及被呵护，就被时间匆匆洗刷。十月怀胎，终于生下了孩子，但这不是妈妈这

个工作的结束,而是一个开始。从这以后,妈妈不仅要喂养孩子,还要成为孩子精神上的避风港,在孩子遇到挫折、失去勇气的时候,给他鼓励和安慰,让他重新燃起生活的希望。

所以,妈妈们要记得,孩子口中的那一声声"妈妈",不仅仅是对你的称呼,更是时时刻刻提醒你要尽职尽责的警示牌。只有妈妈能够将自己所承担的教育责任尽心尽力地完成好,孩子才能够拥有一颗感恩的心并且满怀信心地健康成长。

## 第二章
## 你了解你的孩子吗

动作发展是渴望独立的信号

提前训练对孩子是好还是坏

青春期来临,大脑也变化

孩子为什么会情绪化

孩子的迷茫期,你知道吗

男孩比女孩聪明吗

任何一个孩子都有自己的隐私

## 动作发展是渴望独立的信号

小洁已经有10个月大了，这些日子她总是喜欢扶着东西站立。如果爸爸妈妈想帮助她，她还会扳开他们的手，一定要自己扶着东西站，然后会睁大圆溜溜的大眼睛看着自己的爸爸妈妈，那神情就好像在说："爸爸妈妈，你们看我，很厉害吧，我都能自己站了。"她一定是觉得这样很好玩，总是反反复复地做这个动作。站累的时候，小洁才会坐下自己玩玩具。

慢慢地，她能够站立一段时间，而且还站得很稳。有时候她还尝试先跪着，然后再站起来；偶尔自己站起来，勇敢地向前挪动两步后，会略显紧张地看着爸爸妈妈。爸爸妈妈这时候就会给她鼓鼓掌，小洁这时候就好像得到巨大的支持，自己也拍着手乐滋滋地扑到爸爸妈妈怀里。

人类的动作事实上在胎儿时期已经开始，大约从怀孕第4个月开始，胎儿的活动就已经可以被他的妈妈所感知，这个时期的胎儿就已经开始了吸吮手指、打嗝等活动。胎儿5个月大的时候会出现踢蹬动作，母体外部感觉十分明显。经过大约260多天的成长，一个全新的生命诞生了，在众人的关怀和照顾下，婴儿真正作为一个独特的个体拉开了自己人生舞台的序幕。动作的发展就是这个时期儿童发展的主旋律。

动作在婴儿心理发展中的作用一直是心理学研究中的一个重要问题。多年来，心理学家们从不同的角度探讨了这一问题，并提出了各自不同的理论和假说。

根据相关的研究结果，我们认为，从心理的起源与发展来看，动作发展对于个体早期的心理发展有着广泛而深刻的影响。首先，有句话叫作"实践出真知"，每个人心理的起源都与动作密不可分。认识并不是人与生俱来的简单感知觉，而感知的源泉和思维发展的基础有赖于动作的发展。

一个人想要认识世界并且对外界产生感知就必须通过对它施加动作才能实现，只有这样，人与外界才能相互作用、相互改变。通过对外界施加动作，人可以获得对事物的直观认识，同时可以获取社会经验，产生自己的想法，完成自己主观世界的构建。

从个体心理的发展历程来看，每个人的心理发展都是逐步内化的，而动作在心理的内化过程中则起着关键性的作用。心理发展初期，动作是孩子认识活动的主要工具，向外界施加动作，并根据动作的结果进一步调整动作方式是孩子认识世界的基本方式。随着孩子与外界进行交往的动作不断丰富，一岁半到两岁之间的孩子就开始了心理的内化过程。

动作除了是心理发展的基础，它还能够使个体更加积极地参与心理发展。动作对于大脑的发育具有促进作用。动作可以完善大脑结构，为个体心理的发展奠定良好的基础；动作可以使个体对外界的刺激更加警觉，还能使感知觉更加精确；动作不仅可以促使个体认知结构的不断优化，还可以通过提供新经验引起个体原有认知结构与新环境刺激间的冲突和不协调。

动作的发展在婴幼儿时期主要是指运动的发展，包括婴幼儿对自己身体运动的控制和对外界事物的控制两个方面。这些控制的发展过程都是从不灵活到灵活、从不稳定到稳定。

刚出生的孩子颈部肌肉还不能够支撑头部的重量，所以抱新生儿时，一定要连头一起抱着，否则你就会发现孩子的脑袋东倒西歪，整个人没精打采的。孩子出生4周左右就能抬起下巴，2个月之后才可以微微抬头，到第12周时，婴儿可以使自己的头和肩部离开地面并且支持住。6个月之后，他可以抬起腹部以上的身体，并且能以俯卧的姿势翻身。7个月时，他又能以仰卧姿势翻身。9个月时，孩子基本上可以学会坐，而且大约可以支持10分钟。

一般而言，婴幼儿动作的发展顺序是：

1. 从整体到局部。以婴儿抓握东西为例，首先是试图整只手去抓，接着出现拇指的分化，然后才出现其他四指的分化。

2. 从分化到整合。当上述局部动作发展到一定程度之后，小的动作单元又会重新组合成大的协调的动作系列，形成新的动作。

3. 头尾及近远序列。婴幼儿最初的动作出现在头部，而后才向脚趾的方向发展，遵循头尾序列原则。另外，身体的发展首先是从身体中心逐渐向四肢扩展，也就是说初生婴儿活动主要集中在身体的中心部分——躯干。随后才会向手臂、手、手指以及腿、脚方向发展。

## 提前训练对孩子是好还是坏

涛涛学走路似乎比别的孩子稍晚一些，同龄的孩子都已经走得稳稳当当了，涛涛才刚刚开始学步。因为涛涛身体平衡能力发展慢一些，妈妈怕他摔倒，总是有意减少他学步的时间，认为孩子走路是"船到桥头自然直"，反正人长大早晚都会走路的，多练少练没什么关系，到了年龄自然会，练不练本身意义不大。而涛涛爸爸却持有不同的观点，他认为应该抓紧时间让涛涛学习走路，否则就会落后于其他孩子。为了这个问题夫妻俩经常发生冲突。

那么，涛涛到底要不要练习走路呢？

其实，从能力发展的过程来看，不必让孩子提前"预习"什么，顺其自然是最好的法则之一。人类有许多与生俱来的能力，一个人成长到特定的年龄阶段自然就会掌握那个技能，走路也是一样的。

但是，哈佛大学学前教育研究项目主任伯顿·怀特曾经指出：如果到孩子2岁时父母才注意到孩子的教育，那就太晚了。因为研究表明，1岁半左右的孩子就已经开始显示出他今后的发展方向。这个时期的一些动作操作成绩，将会逐渐代表孩子以后包括学业在内的各种成绩可能达到的水平。如果在最初的6个月里，婴儿的动作训练没有得到足够的关注，那么今后婴儿对学习的兴趣、对新鲜事物的好奇心以至于信任感都会受到影响。

心理学家吉布森也提出过这样的观点，渐进的训练对未来的学习体验具有积极的效果，我们不可能让婴幼儿学习他无法体验的东西，却可以渐进地训练和积累，培养他学会怎样去学习。

但是不可忽视的是，动作训练不仅依赖于后天的学习，也依赖于先天条件的成熟。如果忽视了先天条件的成熟而强行进行动作训练，也许会给孩子带来不可挽回的负面影响。

美国著名儿童心理学家格塞尔认为，支配儿童心理发展的因素有两个：一个是成熟，另一个是学习。在两者之中，他觉得成熟更为重要。格塞尔认为不成熟就无法产生学习，学习只是对成熟起到一种促进作用。

格塞尔为了证明自己的观点曾经做了一个很著名的实验——双生子爬梯。在这个实验中，格赛尔选择了双胞胎中的一个从48周起就开始每天进行10分钟的爬梯训练，连续训练6周。到第52周时，他才能熟练地爬上5级楼梯。在此期间，另一个孩子不进行任何爬梯训练，而是从53周才开始进行爬梯训练。结果发现两周以后，第二个孩子不用成人帮助就可以顺利地爬到楼梯顶端。

格塞尔的这个实验表明，儿童的生理主要是一个自然成熟的过程。孩子的成长是受到生理和心理成熟机制制约的，教育并不能改变心理发展的主要时间进程。只有当儿童的心理成熟到一定程度的时候，教育才能使儿童的发展加快。任意地对孩子的动作采取提前训练的方法，可能会在短时间内占有一定的优势，但这种优势并不是自然形成的，它改变了孩子应有的成长顺序，因此这种优势不一定能长时期地保持下去，并且还可能破坏儿童对学习的兴趣。所以，对儿童来说，一切学习都要建立在生理成熟的基础上，否则只能适得其反。

其实类似双生子爬楼梯实验的例子在生活中也比比皆是。比如说排便训练，在我国似乎特别重视早期的排便训练，而在西方国家，多数父母都是在孩子1岁之后才开始训练孩子独自排便，有的甚至会在2岁之后才开始。心理学家研究表明,过早训练排便不仅没有收到更好的训练效果,而且还可能会造成更多的排便心理障碍,为许多心理疾病埋下祸根。所以建议父母们不要对1岁前的小孩进行排便训练,有条件使用纸尿布的,最好不要过多地强调这项训练。

## 青春期来临,大脑也变化

英国著名的喜剧演员斯蒂芬·弗莱曾经收到过一份来自校长的评语:"他身上带有众多非常狰狞的缺点,在刚刚过去的那个学期里,我们显然体验到了它们的可怕程度。"另一个演员诺曼·维斯顿则被老师这样评价:"这孩子从头到脚每一寸都是愚蠢的,幸好他身材不高。"

这些评语都是对这两位演员青春期表现的评价。一提到"青春期",很多家长的脑袋很可能"嗡"地一下就变大了,而后会历数自己家那个"小冤家"的"斑斑劣迹"。在很多成年人的眼里,青春期就是一个谜。这个阶段,人会发生最重要的两个转变,一是开始具备生育能力,二是自我意识基本确立。

孩子进入青春期之后,通常会出现几个"反常现象":

第一,与同龄人的交往增多。孩子会一改往日喜欢与爸爸妈妈黏在一起的状态,转而喜欢与同龄人的交往。孩子会做一些感兴趣的事情,另外他也很害怕失去同龄人的认同。

第二,对压力更加敏感。研究表明,与成人相比,日常生活的压力更容易影响青少年的决策能力,也就是说他们可能面对比成年人更多的困扰。

第三,冒险行为增多。青少年天生爱冒险,同时爱冒险的人更容易被同龄人接受和崇拜。研究表明,11岁到15岁之间的孩子,有80%每个月都会至少做出一种不良的冒险行为,比如违抗父母管教、在校表现不好等。

## 第二章 你了解你的孩子吗

很多人认为处于青春期的孩子暴躁易怒，不服管教，是心理上追求独立的过程。但是除了心理作用，其实他们的大脑在这个时候也处于急速变化中。

掌管着人类计划、考虑和抑制冲动、做出明智决定的大脑额叶是最晚成熟的器官，青春期阶段的大脑额叶基本上处于停止运作阶段，意思就是青少年的大脑随时处于斗争、激动和逃避的状态，几乎没有计划、自控能力。这个时候的父母应该暂时充当孩子的大脑额叶，用自己的经历帮助孩子周全地筹划事情和做出人生的计划。

但是此时大脑中控制青少年情感的区域却十分活跃，这让青春期的孩子几乎时刻处于情感震荡中，他们喜欢高强度、高刺激的音乐和电影，并且爱用夸张的非声音语言，例如翻白眼、叹气等表情，一些不了解真相的父母往往会对孩子的这些表现大发雷霆。

还有一种情况会让父母抓狂，那就是父母问这个时期的孩子"你在想什么"的时候，经常会得到这样的回答"不知道"。父母会以为孩子是故意装出来的，但是实际情况是，孩子是真的不知道。这就涉及大脑髓鞘的变化了。髓鞘是包裹在脑细胞外面的物质，能够帮助神经传得更加快速和高效，也就是说能够让孩子的思维变得更快。青春期的时候，是与记忆相关的海马体和与情感相关的扣带的髓鞘大量形成的时候，也就是说在青春期之前，孩子的记忆力处于相对较低的水平，这就解释了孩子说"不知道"的原因，可能是他们的思维过快而记忆水平没有跟上。而扣带则掌管着理智和道德，因此他们考虑后果的能力相对薄弱，也不能很好地控制自己的理智，所以很有可能父母只是去让他倒垃圾，他就会丧失理智，发疯甚至做出极其过分的举动。

对于孩子正在经历的这些变化，明智的父母应该做到以下几点：

1. 明确这种观念，孩子并不是微型的成人，他们的大脑无论在生理结构还是神经反应上都和成年人不同。

2. 因为他们的大脑额叶基本处于停止工作的状态，所以不要指望他们会思前想后和体谅别人。

3. 要善于利用孩子丰富的情感，让他们把从书里或者其他媒体获得积极的情感体验。

4. 要相信自己的影响力。即使孩子会跟你大吵大嚷，但是这并不妨碍他们暗地里模仿你的行为。

##  孩子为什么会情绪化

冉冉是个活泼可爱的孩子，妈妈一直都为养了这么一个女儿而骄傲。但是自从冉冉上了初中，她就像变了个人一样，整天做事无精打采的。以前妈妈去叫她吃早饭，她都是兴高采烈地冲到饭桌旁边，大叫着："我饿了！好香的饭啊！妈妈真棒！"但是现在，孩子总是淡淡地回应一声："知道了。"然后磨磨蹭蹭地坐到桌子旁边，默默地吃饭。冉冉的妈妈很奇怪，反省了一下自己的行为，但是自己什么也没做，为什么孩子会变得这样了呢？

与冉冉不同，彤彤的妈妈则是为女儿总是过于激烈的情绪烦恼。有时候孩子放学回来还开开心心的，忽然之间就可能会因为父母一句无心的话暴跳如雷。彤彤的妈妈对自己的女儿也非常不理解。

孩子在成长过程中，都会经历一个青春叛逆期，这一时期的孩子缺乏适应社会环境的独立思考能力、感受力和行动能力等；另一方面，初步觉醒的自我意识又会支配他们强烈的表现欲，即处处想表现自己，想通过展示自己和别人不同来证明自己的价值。所以，这一时期的孩子总是喜欢和别人打扮得不一样，喜欢做一些引人注目、与众不同的事情，也爱说一些令人吃惊的话，希望别人能够对他们另眼相看，这就是他们想要的效果。如果了解到这些，相信很多妈妈就不难理解孩子这一时期的情绪化表现了。

但是面对情绪化的孩子，父母并不能听之任之，而是要积极做起"情绪调节专家"的工作。作为一个合格的调动情绪和调节情绪的专家，你必须首先明

确以下前提——要想转变孩子的行为，必须首先转变孩子的情绪。

你可以回想一下自己的经历，如果自己心情不好，行为肯定也好不到哪里去，更何况那只是一个十几岁的孩子。他难免会烦躁或者不服从教导，如果你指望他们会自己由"乌云密布"转为"阳光灿烂"就大错特错了。

我们每天的情绪不仅会受到当天所发生的事情的影响，其实还取决于我们的大脑和身体里面的化学反应。

肾上腺素可能是不受父母欢迎的化学物质。当肾上腺素大量存在的时候，它会让人冲动和丧失理智。当孩子体内的肾上腺素激增的时候，试图改变他的行为可以说是白费力气的。肾上腺素分泌与遗传和周围的环境相关，肾上腺素分泌过多的孩子常常会表现为行为缺乏理智，过度"亢奋"，一生气就跑掉，喜欢和人吵闹，看上去忙碌无比实际上收效甚微。为了减少肾上腺素的分泌，父母应该努力去营造一个有规律和规矩分明的家庭环境。如果孩子因为这种激素分泌过多而出现情绪混乱的时候，你可以平静地告诉他解决办法，并且说这是我们家的惯例。这会增加孩子的安全感，并且能够冷静下来思考自己的行为。其实，肾上腺素也不是十恶不赦的，父母也可以利用它做些对孩子有益的事情。最好的办法就是让孩子和时间来一次赛跑。比如让孩子收拾玩具的时候，可以这样说："让我们试一试能不能在五分钟之内把房间打扫干净！"

皮质醇是另外一种不受欢迎的化学物质，它是人们承受压力并且产生紧张感的时候分泌的一种激素。它不仅会降低孩子的语言表达能力，还会影响人灵活处理问题的能力，人在压力之下做事常常毫无章法可言就是这个原因。皮质醇水平过高的孩子经常坐立不安，爱生气，防御心理很强，做事不分主次。为了减少孩子们皮质醇的分泌，让他们经常处于安静平和的状态，除了维持有规律的家庭生活外，还要避免让孩子们遭受暴力和语言上的羞辱。良好的睡眠也可以减少皮质醇的产生。

多巴胺和5-羟色胺则是能给人带来激情和快乐的物质，这两种物质分泌不足，孩子就会做事缺乏积极性，精神疲倦，情绪低落，不爱说话，不喜欢与他人进行交流。要改变这些情况，父母要带着孩子积极参加运动，多多鼓励孩子,夸奖孩子。如果发现孩子经常处于忧郁状态,还要及时带着孩子去医院检查,因为羟色胺的缺乏极有可能引发抑郁症。

##  孩子的迷茫期,你知道吗

在孩子6~12岁的时候,会发生他们人生中的两件大事:一件是离开幼儿园,进入小学开始系统地学习文化知识;另一件就是从小学升入初中,面临第一次比较大的同龄人之间的竞争。在这两个时期,孩子都是刚入学或者是即将进入一个新的学习阶段,压力会突然增加。而在压力增大的同时,心理就会出现变化,孩子对未来的生活充满了迷茫和恐惧,这种迷茫和恐惧往往会通过一些异常的行为表现出来,比如不想上学、沉迷网络等。

下面我们来分别看一下这两个阶段孩子的心理压力都来自哪些地方。

6岁是孩子进入小学的年龄,孩子们将要开始面对一个全新的环境,他们不知道这个环境会给自己带来什么,而自己又能对这个环境产生什么样的影响,所以会产生害怕和迷茫的感觉。

从幼儿园踏进小学的校门,对孩子和家庭来说都是一件大事。很多父母会在孩子入学那一天准备一桌好吃的来庆祝孩子的成长。但是从孩子的角度来说,他们的生活发生了翻天覆地的变化,每天除了有上学的兴奋,还会逐渐感受到学习和其他同学带来的压力,生活一下子变得紧张起来。如果你去问年幼的孩子上学有什么感受,他们的反映大多数是"累"。

如果上小学前孩子没有做好心理准备以及生活习惯上的准备,那么他们很难一下子爱上校园生活。对这个年龄的孩子来讲,他们表现自己压力的方式可能是"逃学"。他们上学之前会大声哭闹,不愿离开父母,或者是突然"生病"。很多父母可能会以为是孩子装病,但是除了装病之外,孩子的确可能会因为心理上的压力产生身体不适。所以当父母发现孩子上学之后变得体弱多病

或者情绪低落,就要及时与孩子沟通,多谈谈学校中发生的事情,引导孩子把对学校的看法说出来,同时父母还要多多向孩子传递学校的正面信息,比如和蔼的老师、可爱的同学以及优美的校园环境等。

对于12岁的孩子来说,他们最大的压力来自"小升初"的考试,同时这时候的孩子大多已经进入了青春期,心理压力和生理上的变化都会让他们感到困惑和忧虑,这时候的孩子所承受的压力更是显著。又因为此时孩子的行为能力和思维能力得到了进一步的提高,所以他们逐渐有了自己的思想,会产生一种想要脱离父母的心理状态;而对于父母来说,此时孩子能够自己照顾自己的生活,所以对孩子的关心程度很明显不如幼儿时期。这两方面原因叠加,最终造成的结果是亲子沟通的时间越来越少。甚至有时候孩子鼓足勇气向父母求助,却被父母批评为撒谎、懒惰、没有上进心,这就会使孩子更加迷茫,同时心里更觉得压抑。

现实中很多这个时期的孩子迷恋网吧、不喜欢回家,这种行为实际上是孩子牺牲了自己的成长来向父母抗议,同时也是一种很强烈的求救信号。不过当孩子使用这种信号来求救的时候,父母再开始重视孩子的心理,就有些晚了。

其实只要父母在平时多多关注孩子的行为,就很容易发现孩子的"求救信号",然后要寻找合适的机会和孩子交流,对症下药,帮助孩子减压。另外,父母还要委婉地为孩子指引今后要走的方向,不要总是指责或是训斥,而是要不断地鼓励孩子,支持孩子。

# 男孩比女孩聪明吗

小雨今年上初三,马上就要参加中考了。对于即将到来的中考,小雨心里没有一点把握,她不知道自己能否顺利考入市重点高中。其实,小雨的成绩一直很不错。小学的时候,她一直是班里的第一名,小学升初中时,她又

以全校第一名的成绩考入了这所重点初中。

上初中后,她的成绩依然名列前茅,从来没有出过前三。照理说小雨没有发愁的必要,可是她为什么会担心自己考不上重点高中呢?其实主要问题出在小雨的奶奶和妈妈身上。她奶奶和妈妈经常在她耳边唠叨说,女孩子小时候聪明,长大了就不行了;别看上小学时成绩很好,可一到中学就不行了,明显不如男孩子了……诸如此类的话小雨听得耳朵都起茧子了。听得多了,小雨现在也开始怀疑了,难道男孩真的比女孩聪明吗?

男女之间的智力发展存在差异吗?许多专家研究发现,虽然男女儿童在身体结构、体质等方面确实存在一定的差异,但是性别差异并不影响人的智力高低。整体而言,智力在男女儿童之间并不存在明显的差异,但是在智力发展的速度和智力的结构上还是存在一定的区别的。

多数心理学家研究揭示,在幼儿园阶段,男女儿童智力发展的速度几乎相等。所以,男女儿童的智力没有明显的差异。不过从小学开始,女孩的智力发展速度开始超过男孩,因此女孩的智力在这一时期明显优于男孩。到中学时期,男孩的智力发展速度开始比女孩快,而且随着年龄的增长,这种智力发展的差异越来越明显,因此男孩的智力明显优于女孩。

在智力结构方面,男女之间也存在一定的差异。在记忆方面,男孩善于理解记忆,女孩善于机械记忆;在注意力方面,男孩倾向于注意物,女孩更倾向于注意人;在思维方面,男孩善于逻辑思维,女孩善于形象思维;在知觉方面,男孩易被图案吸引,女孩易被声音所吸引,所以在辨别方位时,男孩视觉能力比较强,女孩听觉能力比较强。造成这些智力结构差异的原因与男女儿童的生理特点、环境影响和所受的教育不同等因素相关。

有研究发现,非智力因素会造成男女在智力上的差异。比如,在小学阶段,男孩和女孩在数学上旗鼓相当,但到了高中,男性略微胜出,到了大学则占明显的优势。有人在研究中得到这样一个结论:这一智力差异很可能是由男性和女性学到了不同的归因方式而导致的。比如,男性往往表现出更为适应的归因方式——认为成功缘于能力而失败归于运气;女性则倾向于认为失败是因为缺乏能力,这是一种不良的归因方式。

由此可见,男女智力发展并不存在显著的差异,即使有差异的存在也可能是由非智力因素导致的,而不是智力因素。

男女儿童智力各具特色,但对于每个具体的人来说又可能出现各种不同的情况,所以每个家长都应该要根据自己孩子才能的具体情况扬长避短,克服缺点,发挥优势,使孩子的聪明才能得以充分地发挥。

 任何一个孩子都有自己的隐私

小辰今年上五年级了,有一天回家,她发现妈妈竟然正在看自己写的日记。她很生气,就对妈妈抱怨说:"我们老师说了,日记是自己的秘密,任何人都不能偷看!爸爸妈妈也不能!""这怎么是偷看呢?妈妈有权利了解你的思想动向,这样发现问题之后好及时帮助你啊!""我不需要你的帮助!反正老师说了日记不能让其他人看。"见女儿竟然冲自己大喊大叫,妈妈的火气也上来了:"你怎么说话呢?我是你妈妈,难道我把你养大,还没资格看看你的日记吗?"女儿听完这句话,一把夺过妈妈手里的日记本,躲进了自己的房间。从那以后,小辰就开始和妈妈"打游击",原本不上锁的抽屉上了锁,还把日记本用头发丝"封"了起来,每天回家第一件事就是检查头发丝是不是断了。

随着年龄的增长,孩子的生活领域日益扩大,情感世界逐渐变得丰富,同时他们的自我意识不断增强,开始渴望独立并且受到社会和家庭的尊重。所以,孩子们开始有了自己的"小秘密"。从教育学的角度来说,拥有秘密对于孩子的成长具有很重要的作用。因为秘密往往与责任紧密相连。不管孩子保守的是什么秘密,是自己的还是别人的,当他决定对我们保密,他就与自己的灵

魂订下了一个契约。

同时，孩子有了秘密，还代表孩子有了独立思考的能力，他会产生许多只属于自己的思想，虽然这些思想有时不一定正确，但却深深地刻下了"我"的烙印。父母不可能替孩子消化食物，同样父母也不能替孩子思考。孩子自己探索生活的这个过程本身就是可贵的。

但是当孩子有了隐私，很多妈妈总是很担心，总是想方设法地去侦察，如偷看日记、私拆信件，甚至盗取聊天信息。妈妈们总是觉得："孩子的心里能藏着多大的事呢？都是些小事，我看一下也无妨。"可对孩子来说，再小的秘密对他来说都是大事。妈妈不尊重他的隐私，就是对他的不信任、不尊重，这极大地伤害了孩子的自尊心，破坏了他的安全感。

其实妈妈们想要了解孩子的"小秘密"也并不是一件很难的事情，要了解孩子的秘密最重要的是要压制住自己的好奇心，尊重孩子拥有秘密的权利。

一位家长是这样做的：

有一天晚上，我去女儿的房间送牛奶，我一走进去，女儿就迅速地合上了桌子上的本子。我笑着摸着女儿的头发说："我的女儿长大了，有自己的小秘密了！"女儿调皮地说："妈妈，你可不要偷看哦！""妈妈知道，妈妈像你这么大的时候也有自己的小秘密，还把它锁在抽屉里，现在想起来，那些小秘密都是妈妈曾经的快乐。""妈妈，其实我的日记里也有很多快乐。""妈妈很希望跟你一起分享这些快乐，当然也希望分担你的忧虑，不过如果你更愿意把它记在日记里，妈妈也尊重你。以后如果你有不愿意被爸爸妈妈看到的东西，就在显眼的位置标上'个人隐私，谢绝观看'，爸爸妈妈保证不会看，好不好？""妈妈，你这样说，我反倒是很愿意跟你分享我的小秘密了。"

其实，隐私是可以转化的，当孩子不信任家长时那些东西是隐私，当他信任你的时候，那就不是隐私，他会主动和你分享。所以家长应该通过关怀、尊重等方式赢得孩子的信任，让孩子主动与你分享他的成长故事。不过家长也要注意，如果承诺了不会窥视孩子的秘密，那就一定要守信。

妈妈应该尊重孩子的隐私，让他有一种平等的感受，这是对孩子人格的保护，妈妈也会因此而赢得孩子的敬重和爱戴。

孩子作为一个独立的个体，具有自己的隐私和敏感的自尊心。他有被尊重、被承认的心理需求，妈妈就应该满足孩子的这种需求。孩子得到了妈妈的尊重后自然也会懂得如何去尊重妈妈、尊重他人。懂得尊重孩子的妈妈在孩子心中也必定是有威信的，懂得尊重孩子隐私的妈妈，必定是孩子愿意告之一些隐私的妈妈。

人类最不能伤害的就是自尊。家长请不要通过不良手段窥探孩子的隐私，因为在这个世界上，没有什么关系比亲子关系更亲密，而要建立亲密的亲子关系，就要从尊重孩子、尊重孩子的隐私做起。

# 第三章
## 破解孩子言行背后的心理真相

孩子为什么爱扔玩具

偷东西的孩子就是"贼"吗

孩子的攻击性行为从何而来

孩子犯了错误为什么总是狡辩

骂人的孩子不一定是坏孩子

孩子任性其实是一种心理需求

如何看待孩子的攀比心

孩子是在自残吗

不分享,就是自私的表现吗

 ## 孩子为什么爱扔玩具

宋梅最近总是腰疼，大家都问她是怎么回事。原来都是宋梅家的小宝贝搞的鬼。这个孩子9个月了，最近开始了一个新游戏——扔玩具，见什么扔什么，而且越扔越开心。只要东西拿到手上，他常常不遗余力地扔出去。宋梅以为是孩子不小心把玩具掉在地上的，于是就弯腰去把玩具给他捡起来，但是每次刚把玩具还给孩子，他又会用尽力气扔出去。这样反反复复好多次，宋梅这才发现原来孩子是故意在扔东西，于是就不再理他了。可是看到孩子眼泪汪汪地依旧用手指着地上的东西，宋梅只好一次又一次地去把玩具捡起来给他。

很多9~10个月的孩子都会出现扔东西的情况，妈妈们总是苦不堪言。其实孩子喜欢扔东西并不是他存心捣乱，它是这个时期孩子的年龄特点决定的，这是一件好事，因为扔东西代表着孩子长大了，他开始了对世界的探索。

儿童心理学家认为，"扔东西"是孩子学习过程中的必经阶段。到了一定的年龄，孩子就会对事物的因果联系非常感兴趣。比如偶然把球扔出去的时候，孩子发现球是滚动的。开始他并不知道是自己的原因引起了球的滚动，但是经过多次的"偶然"，孩子就发现了"必然"，那就是原来是自己扔的动作引起球开始滚动的效果。这让孩子意识到自己具有某种力量，并且发现自己和其他物体之间存在着某种关系。同时，在扔东西的过程中，孩子还意识到了自己与动作对象之间存在区别，这是自我意识发展的第一步。而孩子在扔东西后，东西总会掉到地上，并且不同的东西会发出不同的声音或者产生不同的改变，这对孩子来说是很新鲜的体验，于是就有了对世界最初的探索。

另外，孩子总是反复地扔东西也可能是想向大人显示自己的力量，渴望得到大人的表扬。刚出生的时候，孩子的手部动作还不灵活，不能拿住东西。但是随着个体的发展，他发现自己不仅能够拿东西，还可以把东西扔出去了。这让他异常兴奋，认为自己又学会了一项大本领，所以经常非常高兴地进行多次重复，同时也希望引起爸爸妈妈的注意，给予他表扬。

当然，并不是所有的扔东西行为都是孩子在探索和发现新世界或者显示自己的力量，有时候他们是想向大人传达某些信息。比如当孩子把自己手边的东西扔在地上的时候，他可能是因为发现自己长时间没人关注，于是想吸引家人过来和他一起玩；如果他把盖在身上的被子扔在地上，很有可能是想告诉爸爸妈妈他热了，父母要细心留意孩子的需求。而在这种扔东西的过程中，孩子和父母之间就建立了"授受关系"，这也为孩子最初的社交活动拉开了序幕。

为了孩子的健康成长，爸爸妈妈应该充分满足孩子"扔"的欲望，为孩子提供扔东西的环境。

当然，当孩子把大人的贵重手表或者手机丢出去的时候，千万不要发火，因为孩子不像大人那样有"爱惜物品""不把东西弄坏"的意识。所以，为了防止孩子造成不必要的损失，父母最好把贵重物品或者易碎的东西保管好，放在孩子拿不到的地方，然后可以让孩子玩一些不容易摔坏的玩具，比如铃铛、小球等。

但是凡事都有一个限度，在孩子扔东西的时候，父母可以制定一些必要的规矩。例如可以告诉孩子球可以扔着做游戏，但食物就不能扔在地上。如果你不能花许多时间为孩子捡东西，那么可以让他坐在铺有垫子的地板上，自己去玩扔东西。当孩子自己爬过去或走过去把东西拾起来的时候，要及时给孩子鼓励，这样可以避免孩子养成"丢"东西的坏习惯。

孩子喜欢扔东西，父母不必烦心，这只是一个很短暂的过程。当孩子学会正确地玩玩具和使用工具后，他的兴趣会逐渐转移到更有趣的活动上，"扔东西"的现象会自然消失。但是如果孩子到了2岁左右，仍然喜欢随意扔东西，那么就应该让孩子改变这个坏毛病了，因为这个时期已经不再是孩子扔东西的特定时期了。

##  偷东西的孩子就是"贼"吗

小童今年5岁,聪明伶俐,是个帅气的小男生。这天下午放学后,妈妈把他从幼儿园接回家,就去厨房准备晚饭了。客厅里响着轻柔的音乐,一向顽皮的小童,今天居然也安安静静地在屋子里看起了画册。

妈妈从厨房里探出头来:"小童今天好乖呀。"小童拿起画册,兴冲冲地说:"妈妈,这本故事书好好看!"

看到那本书,妈妈的脸沉了下来,原来,并没有人给他买过这本书。"你怎么会有这本书呢?"小童紧紧抱着那本书,喊道:"这是我的!"

"瞎说,爸爸妈妈没有给你买过这本书。"

"我的……是爷爷买给我的。"

爸爸回家后,妈妈把这件事情告诉了他。

晚饭后,爸爸对小童说:"小童,我们去看看爷爷好不好?"

小童一听,似乎明白了爸爸的意思,连忙说:"我明天还要上学呢,不想去了。"

"爷爷给你买了这么好看的书,不去谢谢爷爷多没礼貌啊!"爸爸又说。

小童见事情没法再隐瞒,就羞愧地道出了事情原委:"今天下午,我看见欢欢的桌子上放着这本书,我很喜欢,就趁他不注意拿回来了。爸爸,我错了……"

"这怎么得了,才5岁的孩子就学会说谎,还偷别人的东西,长大以后还不知道会怎么样呢……"妈妈指着小童怒气冲冲地说。

这种情况下,很多父母都情不自禁地担心自己的孩子有小偷小摸的倾向,

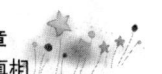

第三章
破解孩子言行背后的心理真相

其实这是孩子成长过程中的正常现象。瑞士有名的儿童心理专家皮亚杰认为2~7岁儿童思维属于"前运算阶段",是从表象思维向抽象思维过渡的阶段。处在这一阶段的孩子,往往分不清什么是"你的""我的""他的",他觉得只要是自己喜欢的东西,他就可以把它带走,年龄越小,这种现象就越普遍。因此,我们不能把孩子的"顺手牵羊"称之为"偷窃"。

但是对孩子的这种行为听之任之也是不可取的。必须要让孩子知道,在没有得到许可的情况下,拿走别人的物品是绝对错误的行为。那么怎么建立孩子的"所有权"观念呢?

婷婷是个乖巧的女孩,今年4岁,上幼儿园了。这天她趁着同学妮妮没注意把人家的布娃娃抱回了家。妈妈看见了,就问她布娃娃是哪来的。她很干脆地回答是妮妮的。妈妈又问:"那妮妮知道你把布娃娃拿回来吗?"婷婷摇摇头,有点不好意思地说:"不知道。""婷婷,妈妈问你,如果是你的布娃娃被别人拿走了,你回家才发现,你伤心吗?""嗯!"婷婷肯定地点点头。"那么现在你拿了别人的布娃娃,妮妮回家找不到该多伤心啊!"婷婷说:"妈妈,要不我们现在就把布娃娃给妮妮送回去吧!"妈妈听了,很高兴地刮了刮婷婷的小鼻子说:"好,咱们现在就走!"

妈妈必须要在孩子的世界里建立"所有权"的观念——让孩子清晰地知道,什么是别人的,什么是自己的。同时也要让孩子知道,在拿别人的东西之前,需要得到对方的同意。

其实,建立孩子的所有权观念,应该从小做起。在家里,应该有明确的"所有权"概念,这个东西是爸爸的,那个东西是妈妈的,这个东西是孩子的。要建立孩子的所有权概念,妈妈应该首先学会尊重孩子的所有权。例如当需要拿孩子拥有的物品时,要先征得孩子的同意,归还时还要对孩子表示感谢;如果有小朋友想要借孩子的物品,告诉他们这个东西是孩子的,让他们去征求孩子的意见……一旦孩子感到自己的所有权得到了尊重,那么他在不知不觉中也就学会了尊重他人的所有权。

##  孩子的攻击性行为从何而来

8岁的轩轩散漫、冲动、好斗,言行极具攻击性,一年级下学期闻名全校,成绩门门红灯高挂,调皮捣蛋得出奇。老师见他头疼,同学见他害怕,上课破坏纪律,下课欺负同学,一会儿把同学的球抢过来扔掉,一会儿把女同学正在跳的橡皮筋拉得有十来米长,一会儿又故意用肩去撞对面过来的同学。如果谁说他一句,他就会对人家拳打脚踢。

孩子之所以欺负人,其实是调动了自己的心理防御机制,将自己所遭受的虐待和承受的痛苦转移到别人的身上,并从这个过程中取得自己心理上的平衡。什么是"心理防御机制"呢?它是个体在面对挫折或冲突的紧张情境时,潜意识自觉帮助他减轻内心不安,以恢复心理平衡与稳定的一种适应性倾向。孩子往往不懂得如何恰当地运用心理机制,那些曾经受过家庭虐待、遭受父母遗弃的小孩多数会选择这种心理防御机制。他们不敢或没有机会将父母带给他们的愤怒直接返还给父母,就把这种愤怒转移到另一个对象上去了。这些"替罪羊"多为更加弱小的孩子,甚至是一些小猫、小狗等宠物。

孩子转移不安的方法通常是采取攻击性行为。攻击性行为不单单指动手打架,它在不同的年龄阶段有不同的表现形式。幼儿园阶段主要表现为打架,是一种身体上的攻击;稍微长大一些的孩子更多地会采用语言攻击,谩骂、诋毁,有意给对方造成心理伤害。从性别上来分析的话,采取暴力攻击的多数是男孩,女孩以语言攻击居多。

通常具有这些暴力行为的孩子,家庭都不太和谐。培养出暴力孩子的家庭通常也有暴力父母,孩子经常会被父母的暴力手段惩罚,这会使孩子产生一种抵触情绪，并把这种恶劣的情绪"转嫁"到别人的身上，找别人出气。有时候父母喜欢看一些暴力电影，经常玩暴力游戏，这也会在无形中影响孩子的行为。此外，家长过度的溺爱也会铸就这种惹事"小霸王"。有时候，父母看似为孩子好的一句话也会引起孩子的暴力行为。

燕燕长得很瘦小，在幼儿园经常被别的小朋友欺负。但是每当她回家后哭着向妈妈讲述这些事情的时候，妈妈不仅不会安慰她，还总是批评她："活该！哭什么哭，他们打你，你不会打他们？谁让你不还手呀！"

久而久之，当别的小朋友再欺负燕燕的时候，她不但会还手，还一定要把对方打哭为止。再后来，没人欺负燕燕了，但是燕燕学会了欺负别人。不过，燕燕在幼儿园依然过得不开心，因为在幼儿园没有小朋友愿意跟她玩。

有儿童心理专家曾经提出过这样一个观点：那些总是去欺负别的小朋友的孩子，其实在心里觉得自己是非常弱小的。的确，只有那些觉得自己非常弱小的孩子，才会通过欺负别人的方式来证明自己的强大。但是很明显，孩子的这种自我意识是非常不健康的。

那么，有哪些因素使得孩子把自己定位为弱小的人呢？不管家长愿不愿意承认，家长都要对此负有不可推卸的责任，就像故事中的妈妈一样。总是有些家长认为，自己的批评可以使孩子变得强大，但事实却正好相反，孩子不仅没有变得强大，他反而会觉得自己是不被父母接受的孩子，在这个复杂的世界中只有自己才能帮助自己，这让孩子顿时觉得自己很渺小。同时家长的批评让他对人际关系产生很强的恐惧感，这种恐惧感很有可能会伴随他一生。在人际关系恐惧感的影响下，他不会交朋友。但是如果孩子错过了学习如何交朋友的最佳时机，他以后都不会在社会交往中有很好的表现。

为了改正孩子的攻击行为，父母应该注意以身作则，停止自己的那些攻击性言行，创造一个良好家庭气氛；要注意控制有暴力镜头的电影、电视，不让孩子玩有攻击性倾向的玩具；不要鼓励孩子的攻击性行为，要引导孩子进行换位思考，让孩子慢慢放弃用暴力解决问题。

 ## 孩子犯了错误为什么总是狡辩

田女士是一个讲民主、尊重孩子的妈妈,一般不会强迫女儿做什么事情,女儿也因此思维活跃、能言善辩,不过现在田女士却面临这样一个困惑:那就是女儿越来越喜欢狡辩,无论做什么事总有自己的理由,不愿意听取父母的建议。比如,孩子见到田女士的好朋友从来不叫阿姨,告诉她这样不礼貌之后,她还是不叫,而且还列举了各种理由:"我不喜欢叫,我不喜欢这个阿姨,我当时想睡觉等"。几乎所有的问题,只要她不想做,都有很多理由。田女士不禁为孩子的表现担心起来。

在一个民主自由、喜欢讲道理的家庭中,孩子比较容易养成能言善辩、自作主张的行为习惯,相应地,也容易变得不愿意听取别人的意见,喜欢一意孤行。好的教育应该让孩子既有主见,又能听取别人的合理意见,并对自己的行为做出调整。这样的孩子对自己和他人的意见具有较强的分辨能力,不至于变成顽固地坚持自己想法的人。

讲道理是值得提倡的教育方法,但是为什么很多父母感到给孩子讲道理没有用呢?对于孩子来说,尤其是12岁以下的孩子,他们的心理发展特点是以形象思维为主,还很难理解许多抽象的名词概念,因此这时候对孩子的教育应该以行为训练为主,最好不要用讲大道理的方式进行。比如当孩子不喜欢叫"阿姨"的时候,不必讲很多为什么不叫"阿姨"是错误的大道理,只要培养孩子礼貌待人的行为习惯就好。

另外,家长还要反思自己是不是在某些时候对孩子的狡辩表示了赞赏的态度。比如有时候,孩子"狡辩"之后,家长会说:"你这小嘴还挺能说！"" 你还挺有主意！"还有的家长会用假装生气的态度对孩子说："不许狡辩！"但是内心却存在对孩子的欣赏。这种潜在的欣赏比直接的表扬更让孩子有快感，于是他知道了：反驳父母的建议反而能获得父母的好感，所以不听取父母建议的习惯就这样形成了。

此外，父母还要注意的是虽然在大多数情况下，父母的要求和做法都是正确的，但还是不能忽略孩子的态度和意见。现在是个多元化的时代，教育的难度增大了。我国多年形成的文化总是希望孩子听话。可是如今的孩子有了自己的思想，对家长不再言听计从，有时候甚至还会和家长对着干。面对这种情况，家长应该与时俱进，转变观念，和孩子一起成长。时代进步了，不能把自己看不惯的事物通通看作"大逆不道"。要对孩子进行正确的引导，学习与孩子沟通的技巧，建立良好的关系，而不是单纯地责怪和打骂。

父母应该常常鼓励孩子说出自己的想法，不要以"小孩子什么都不懂"为理由剥夺孩子表达自己的权利。如果孩子长时间得不到尊重，或者变得不自信，失去应有的创造力，或者会变得非常叛逆，无论什么事情都要进行狡辩，与父母关系恶化。父母在给孩子建议的时候应该为他留下一定的自由选择空间，让孩子感到配合父母的建议是快乐的、身心愉悦的，这样的话他合作的积极性就会提高。

 ## 骂人的孩子不一定是坏孩子

第一次听到孩子冷不丁地说出"我打死你""你是猪"等骂人的话或者其他脏话时，大多数父母想必都是心头一震，大声斥责："你这是跟谁学来的？""谁教你的？"这些不好的话当然不会是孩子自己想出来的，而是孩子听见别人说了，然后才跟着学会的。

孩子听到别人说的话以后会跟着学，这就是学习语言的过程。骂人、说脏

话也是一样的，孩子并不知道自己所说的话的意思，他们只是在重复自己刚刚学到的语言。另外，当孩子学会骂人说脏话的时候，这意味着他的社会关系正在逐渐扩大，已经超越了单纯的家人范围。家长们不必为了孩子骂人说脏话而过分担心，认为孩子有什么问题，要认识并接受孩子的这种成长过程。但是这并不是说家长可以允许孩子用脏话来表达想法，当孩子骂人、说脏话的时候，家长要告诉他如何正确地表达自己的思想。

在孩子2岁半左右的时候，孩子的自我意识开始萌芽。这时候，孩子忽然惊奇地发现，语言是一种神奇的力量：语言能让人发脾气，能让人伤心落泪……正是因为这个原因，孩子开始快乐地体验语言的力量。其中骂人、说脏话也是他们体验语言力量的一种方式。

由于家长对这些骂人的话和脏话非常敏感，当孩子使用这些语言时，家长或者会强行制止孩子，或者会对孩子大发雷霆。家长的这种表现反而让孩子更加深刻地感受到了语言的力量，体会到了语言所带来的快乐，所以他们就更加喜欢使用这些语言。

那么，面对孩子这些骂人或说脏话的语言，家长应该如何科学地对待呢？

一天早上，郑丽正在给3岁的女儿穿衣服，女儿忽然来了一句："臭妈妈，你真坏！你弄痛我了！"郑丽也是心头一惊，但是脸上没有表现出来，反而平静地对孩子说："衣服穿好了，快去洗漱吧！"女儿脸上露出有些惊奇的表情，但她不甘心，嘴里不停地喊着："臭妈妈、坏妈妈……"郑丽假装没有听到，仍然忙着手里的家务。最后，女儿终于沉不住气了，她一边摇妈妈的胳膊，一边对妈妈说："妈妈，我在说'臭妈妈'！"

郑丽依然一脸平静："是，妈妈听到了。乖女儿，我们该吃早餐了吗？去吃饭吧！"女儿有些奇怪地结束了这个无趣的游戏。

之后的一段时间里，女儿开始全面地运用这种语言，叫奶奶"老臭奶奶"，叫爷爷"臭老头"，有时候还会专门跑到有些严肃的爸爸面前喊道："臭爸爸！笨爸爸！"

但是全家人都对此没有反应，依然该怎么对待孩子还是怎么对待孩子。

原来，郑丽已经偷偷跟全家打过招呼了："不管孩子运用多么"恶毒"的语言，我们都不做出任何反应。"

没过几天，女儿终于彻底放弃了这个无聊的游戏。

孩子第一次骂人说脏话的时候，大部分情况不是为了表达生气的情绪，而是淘气。他只是发现语言具有力量之后，一边试验语言的力量，一边与身边的人玩"激怒你"的游戏。但是如果家长对孩子的游戏不做反应，孩子很快就会主动放弃这个没意思的游戏。

对待2~6岁这一年龄段孩子的骂人行为，家长们没有必要对孩子发怒或者急于纠正孩子的行为，而是应该对孩子的这些语言不做任何反应。但是如果孩子长大并且已经明白骂人的目的之后还出现这种情况的话，妈妈就应该用非常严肃的语气指出孩子这样做是不对的，并且让他改正，不再重犯。

# 孩子任性其实是一种心理需求

生活中，经常有一些孩子特别任性，为达到某种目的甚至会哭闹不止，把家长搞得精疲力竭仍不罢休。

4岁的明明看到邻居小弟弟有一辆电动小汽车，而他的电动小汽车与自己的不太一样，他急于探究这种区别存在的原因，于是明明在夜里无休止地哭闹着，任性地坚持要妈妈给自己买一辆一模一样的小车来延续自己的探索活动。

一个3岁的孩子正兴高采烈地玩气球，妈妈不小心给碰破了，孩子于是顿足大哭，怎么哄都哭闹不止。

人们往往把这种任性归咎于家长对独生子女太娇惯，其实这种结论过于简单和武断。

美国儿童心理学家威廉·科克的研究表明，孩子任性是一种心理需求的表现，与父母的娇惯没有必然的联系。他指出，幼儿随着生理发育，开始逐渐接触更多的事物，但对这些事物的正确与否，他们却不能像成人那样做出准确和全面的判断。孩子只会凭着自己的情绪与兴趣来参与，尽管有些参与行为会对他们不利。

处于独立性萌芽期的幼儿，对一切事情都想亲力亲为，想弄个透彻，这原本是好事。但是，孩子肯定有他的幼稚性和不成熟性，不可能像成人一样理性。因此，孩子的这种"亲力亲为"的心理行为，往往会不合情理地表现出来，这就导致了我们所说的任性。家长有时需要进行换位思考，从孩子的角度看待他们的行为表现，对其要求不可包办代替或断然拒绝，而要根据当时的实际情况采取不同的措施区别对待，毕竟孩子任性有时也是一种心理需求，应该得到尊重。

但是，绝大多数家长是以成人的思维更多更全面地考虑结果，却往往忽略了孩子的情绪和兴趣。实际上，这些兴趣与要求也正是孩子心理需求的一种表现形式。这些事情表面看起来是孩子太任性，在无理取闹，其实真正的原因是孩子的好奇心理需求没有得到满足。当这种心理需求得不到安抚和满足时，孩子只能以哭来表示抗议。

随着孩子的成长发育，他们越来越多地接触新的事物，这些事物带给孩子很多意想不到的困惑，为了解开自己心头的疑问，孩子总希望通过自己的方式来解决问题。前面的例子中，如果明明哭闹的时候，妈妈能够问明原因并理解他的这种心理需求，并及时表扬明明爱动脑筋，再讲清楚当时的情形下为什么无法满足他的要求，大概孩子就不会哭闹了。

另外，3岁的孩子正兴高采烈地玩气球，被妈妈不小心给碰破了，孩子便哭闹不止。妈妈会认为孩子任性，无理取闹。如果妈妈当时可以从孩子心理的角度去分析，便会明白这是因为孩子已经把这个彩色气球"拟人化"，把它当作自己的"玩伴"，气球破了，"玩伴死了"，自然会使他"伤心欲绝"。婴幼儿的这种心理得不到理解和安抚时，无奈中只得以哭闹来抗议。

总之，面对任性哭闹的孩子，对其进行严厉的批评毫无意义，父母应该把力气放在分辨孩子哭闹的原因上，再想些帮助他的办法。否则，孩子的任性就会越来越严重。这实质上是一种与家长对抗的逆反心理，多因家长初始没有理解和重视他们的心理需求所致。所以，年轻的家长应该多了解孩子的心理，从而理解和接受孩子的心理需求。

 如何看待孩子的攀比心

每个人都有或多或少的攀比心，孩子的攀比心理，与他们的年龄和身心发展特点有关。特别是年龄较小的孩子，他们的攀比心理，主要产生于对外界事物的好奇、向往、观察、模仿。攀比的对象，主要停留在物质层面。比如，吃、喝、玩具、穿戴、零用钱、住房、家中财物等方面。

而家长的攀比心理则比较复杂，既有物质层面，又有精神层面，但以精神层面的居多，特别是涉及与孩子有关的方面。比如，在孩子入园入学以前喜欢与别人比孩子的穿戴、玩具、用具、身体发育、智力培养等方面，孩子入园入学后喜欢与别人比孩子所上幼儿园或学校的名气、孩子的入学年龄、孩子的学习成绩、孩子的特长培养、孩子获得的奖项、外界对孩子的赞美等方面。由于其中夹带了不少家长的主观性和盲目性，所以往往容易造成孩子难以承受、家长身心疲惫的情况。有着攀比心理的家长很难对孩子的攀比心理给予积极的引导，有的甚至还会让孩子处在较多负面情绪笼罩的家庭环境中，不断滋生孩子的攀比心理。

幼儿天真无邪，心灵纯洁，模仿能力和好奇心都较强，易教易懂易模仿，是学知识学本领的时期，但幼儿未能辨别是非曲直，真善美丑，什么都跟着学，这种幼稚的天性为幼儿攀比提供了心理基础，常为父母所忽视。因此，家

长的攀比心理是幼儿攀比心理主要的原因。但是，孩子的攀比心理一般比较单纯、幼稚，随着孩子年龄的增长和家长的正确引导，会逐步得到改善。

父母到底应该如何看待并消除孩子的攀比心理呢？

1. 家长以身作则。一忌拿自己的孩子跟别的孩子来比。很多父母在训导孩子时，常会拿别的孩子跟自己的孩子比较，这样的刺激只会让孩子消极，并催生攀比心理。每个家庭的教育背景、生长环境都不同，也没有什么可比性。二忌大人之间比较。不拿自己的工作、能力、表现等去跟别人比较，要影响并引导孩子学会自己跟自己比，学会拿自己的这次跟上次比，今天跟昨天比。

2. 转移孩子攀比的焦点，将攀比转化为动力。当孩子与别人攀比时，首先说明孩子的心理开始有竞争的倾向了，想达到别人同样的水平或比别人更好。如果抓住这种心理，把孩子攀比的焦点转移到游戏、学习、创造等方面，这会大大有助于孩子的心理发展。同时，也可以将攀比化为动力，让孩子设法满足自己的合理需要，以培养孩子的独立性、自主性等良好的心理品质。此外，家长可以引导孩子认识更多东西，培养孩子对于文学、艺术、自然的兴趣。孩子的关注点转移了，就不会局限于与伙伴物质方面的攀比了。

总之，孩子是一个独立发展的个体，而不是家长个人愿望的载体。每一个孩子都有自己的性格特点、兴趣爱好、发展能力、身体条件，每一个家庭也都有自己的具体情况。这种差异性决定了孩子之间没有绝对的可比条件。家长应该注意克服自己性格和心理方面的一些弱点，尽可能避免把成人之间的一些想法和做法强加于孩子。

##  孩子是在自残吗

孩子为了达到某种目的，有时会出现用头撞墙或地板，打自己耳光等伤害自己身体的行为。妈妈说一句"不行"，就能哭得背过气去。

这是因为，孩子周岁后开始明白"不行"这句话的意思了。于是，当自己的要求得不到满足时，他们会用头撞墙、扔东西来表示心中的不满。但是，这和大人们认为的带有明显目的性的自残行为不一样，这不过是无法自如地控制情绪的一种表现。

就像有断奶期一样，在生长发育的过程中，孩子也有一个表现厌恶和容易产生负面情绪的阶段，这是孩子发育过程中的自然现象。虽然存在个体差异，但2岁前的孩子不可能完全掌握调节冲动的能力，还处于熟悉和学习的阶段。因此，他们只会用过激行为表现与愤怒相关的情绪，对于这种现象，父母要给予理解。

孩子心里生气，却不知道该如何表达，所以才会打自己或是用头撞墙。这里并没有"这样做，妈妈就会注意我"的意思，因此只要妈妈注意安抚孩子的情绪，孩子一会儿工夫就会好转，仿佛什么事都没有发生过一样。

从大脑的发育过程看，故意让妈妈发火或目的性的自残行为多发生在孩子出生36个月以后。36个月后的孩子再出现打自己或撞墙等行为，才可能是有意的。但这种情况下，仍然应该先了解上述行为发生的原因，并从根本上解决问题。不分青红皂白地批评孩子是错误的。在这种情况下，妈妈应该采取如下解决措施：

1. 不要吓唬孩子，注意安抚情绪。对于孩子缺乏自控而出现的行为，不要吓唬孩子，而是尽可能去安抚他的情绪。过于严厉的训斥只会让情况继续恶化。比如，如果孩子有故意用头撞墙的习惯，可以在房间里事先铺好垫子，反复撞了几次后，他们就没兴趣了。

2. 引导孩子自己收拾残局。这种方式可以告诉孩子，他们的行为会带来怎样的后果，必须对自己造成的后果负责。孩子正处于自我意识的形成阶段，会对自己的行为感到自责。在收拾残局的时候，孩子可以减轻这种自责，也有利于孩子自我意识的开发。

3. 不要被孩子的情绪影响。孩子发生过激行为的时候，妈妈千万不能被孩子的情绪影响。妈妈乱发脾气，只会进一步刺激孩子，导致更加极端行为的发生。因此，妈妈需要做出理性的判断，耐心对待。这时候，不妨深吸一口气，

静静等待孩子平复紧张的情绪。一般情况下，用不了10分钟，不用大人劝，孩子就会安静下来的。这时候再对他说："这样发脾气可不好呀！"可能效果会更好。即使孩子听不懂妈妈的话，他们也会知道自己的做法是解决不了问题的。而且，他们会明白妈妈不会理睬这样的行为，做了也没用，只会使自己更不高兴而已。慢慢地，他们就会改变做法。有时候，为了观察自己不在时孩子的行为，或者希望孩子自己恢复平静，妈妈甚至可以故意躲起来。其实，诱发孩子自残的一个重要因素就是离开父母后的不安全感，所以这样做只会刺激孩子，是绝对错误的。

总之，即使孩子还听不懂很多话，妈妈也要让他明白他的行为是错误的。周岁前后的孩子还不能完全听懂妈妈的话，但是通过妈妈的表情或者动作能够明白什么该做什么不该做。如果耐心地给孩子讲道理，孩子也会意识到自己做错了事。妈妈讲完道理后，要一如既往地抱抱孩子，让孩子知道虽然他做错了，但是妈妈能够理解他的行为，而妈妈对他的爱是永远不会改变的。

 ## 不分享，就是自私的表现吗

孩子进入自我意识的敏感期之后，大多数家长除了觉得孩子不像以前那样听话之外，还有一个非常大的感受，那就是觉得孩子变得自私了。于是，很多家长便以"团结友爱"的理由，强迫孩子将自己的东西与别的孩子"分享"，岂不知，家长这样做会令孩子内心中的自我越来越弱小。

当孩子处于自我意识的敏感期时，孩子有权分享自己的物品，也有权不分享。此时，孩子最需要的就是自由和家长的尊重。家长要给孩子足够的权利让孩子自己做决定，这样，孩子内心的那个"自我"才会强大起来，孩子的自我意识以及性格、人格等才能得到健全的发展。

一位家长这样分享经验：

女儿特别喜欢在楼下小公园里荡秋千，只要她一坐到那个秋千上面就不会轻易下来。一次，一个跟她差不多大的孩子在秋千旁等了好一会儿，但女儿却丝毫没有下来的意思，而且她好像对这个"竞争对手"十分反感。

看到这种情况，我没有强迫女儿下来，而是想办法转移她的注意力。我对她说："你看，这个小弟弟多可爱呀，来，我们跟他打个招呼吧！"

女儿伸出手来跟那个孩子击了击掌（这是女儿独特的打招呼的方式）。那个孩子似乎很喜欢女儿，他从口袋里拿出了一块糖递给了女儿，因为这个孩子的热情，女儿对他的反感渐渐消失了。于是，我趁热打铁，问女儿："小弟弟也非常想坐这个秋千，我们让他也玩一会儿好吗？"

女儿非常爽快地回答道："好吧！"说着便让我把她从小秋千抱了下来。

上述案例中的这位家长就非常懂得尊重孩子，她没有强迫孩子从秋千上下来，而是先用转移孩子注意力的方法淡化孩子内心的不安全感。当孩子渐渐喜欢上那个等待的小朋友时，她便自愿地让出了秋千。当然，孩子的这次分享是在自愿的前提下进行的，这绝对不会影响孩子自我意识的发展。

没有和父母形成良好依恋关系的孩子们，在心理上的独立会迟缓一些，学习谦让和关心别人的过程也会很困难。如果孩子无论做什么父母都认为不行并阻止他，或者对于孩子努力的成果不给予肯定反而冲孩子发火，孩子就会感到被父母嫌弃，"这世界上除了我自己外没人疼我"这种以自我为中心的想法会更加强烈，这样的孩子为了保护自己的东西，就会不停地说"都是我的"。

父母对孩子过分照顾也是不可取的。被过分照顾的孩子在儿童乐园、幼儿园等地方参加社交活动时会感到很难适应，因为孩子以为别人都会迎合自己的心意，但实际上并非如此。对于这样的孩子来说，那时候再让他去谦让和关心别人就更不可能了。不要替孩子要回被抢走的玩具。比如，孩子们玩沙子的时候，为了抢铲子而发生冲突，就让一个孩子用铲子铲沙，另一个孩子用碗装沙。这样的话，孩子们能够体会到与人分享的快乐。如果到了某一阶段，孩子可以做到不和小朋友争抢玩具，而是一起玩，就意味着孩子的自我中心意识已经在减弱，而社会性在慢慢增强。

　　父母和孩子玩玩具一般都以孩子为中心，其实父母有时候可以跟孩子说自己也想玩他喜欢的玩具。例如，对孩子说："今天妈妈先挑玩具吧！"并且在游戏过程中，当孩子让妈妈换个玩具时也不要立即更换，而要让他等一会儿。通过这样的过程，孩子可以学会谦让和等待。

# 第四章
# 不能错过的孩子敏感期

敏感期决定孩子的一生
视觉的敏感期
教孩子认识世界的颜色
听觉的敏感期
让孩子的听力更上一层楼
口的敏感期
给孩子最直观的味觉认知
嗅觉的敏感期
教孩子认识更多的气味
触觉的敏感期
玩沙、玩水也是触觉锻炼
动作的敏感期
让孩子体会改变世界的乐趣
语言的敏感期
学习语言，从重复和模仿开始

##  敏感期决定孩子的一生

大家都熟悉印度"狼女"的故事,这两个女孩子被狼群带大。当她们被带回人类社会的时候,一个七八岁,一个大约两岁。后来小一点的孩子不幸去世了,而那个大狼女仅仅学会了几个单词,智力水平只相当于一个普通的婴儿。

在第二次世界大战时期,一个士兵在大森林里迷了路,在深山里过了20多年与世隔绝的生活。当人们把这个士兵带回人类社会之后,他只在开始的一段时间出现了语言障碍,说话的时候有些词不达意,但是没用多久他就能够顺畅地与人交流,把自己在深山中的生活讲给很多人听。后来这个士兵还娶妻生子,过上了正常人的幸福生活。

同样都是与世隔绝,为什么他们的结局会有天壤之别呢?其中的奥秘就在于儿童的"敏感期"。"狼女"所有重要的敏感期都是在狼的世界度过的,即使人类想尽了办法也无法让她回归社会,而她的心智也永远不可能回到正常的水平。而那个士兵虽然在森林中独自度过了20年的时光,但是促进他发育成长的所有敏感期都是在人类社会中度过的,那时候他的心智已经基本定型,所以只需要短暂的恢复期,那个士兵就顺利地回归了正常的生活。

这些事例告诉我们,教育的"关键期"就在儿童时代,这个时期是孩子特定能力和行为发展的最佳时期。处于敏感期的孩子对于外界的刺激有着敏锐的感觉,很容易吸收环境中的信息。意大利幼儿教育家蒙台梭利曾经这样描述敏感期的孩子和外界环境的关系："孩子爱恋着环境，和环境的关系有如恋人同伴一样。"

虽然儿童的敏感期现象是在幼儿的教育领域发现的，但是自然科学的研究也为这个时期的存在提供了证据。美国一所大学的儿科神经生物学家哈利·丘加尼教授对婴儿大脑进行扫描后发现，婴儿大脑的各个区域在出生后会一个接一个地活跃起来，并逐渐建立起联系。科学家把大脑接收外部信息的时间段称为"机会之窗"。"机会之窗"会打开也会关闭，当它打开的时候孩子学习东西会变得容易、轻松，当"机会之窗"关闭的时候，学习会变得艰难。其实这个生理上的"机会之窗"就是幼儿心理学中的"敏感期"。

儿童的发展一旦错过了敏感期，就会产生或多或少的遗憾，这种遗憾也有大有小，而且在儿童以后的成长过程中将会很难弥补。有些敏感期可以得到弥补的机会，但是需要耗费更多的经历和时间；有些敏感期如果错过了就一生都不会再有机会去弥补了。在各个敏感期，如果孩子受到干扰或者阻碍，就不能正常使用他们身体的各种功能，相关的功能可能就会丧失或者发展不好。可见敏感期的作用是举足轻重的，它对孩子的一生都会产生影响。

敏感期是自然赋予孩子顺利成长的生命助力，为人父母者与其逼着孩子痛苦地学习某些技能，不惜一切代价让孩子赢在起跑线上，不如耐心地等待孩子敏感期的到来，让他们遵从心灵导师的指引，自发自主地快乐学习和成长。抓住敏感期，不仅会让学习变得轻松愉快，而且事半功倍。

 ## 视觉的敏感期

意大利有一个男孩，他有一只眼睛非常"奇怪"，为什么这么说呢？因为多位眼科大夫检查后得出来的结论都是一样的：在生理上，这只眼睛完全正常。但实际上，这只眼睛是失明的，看不到任何东西。

这是怎么回事呢？原来男孩刚出生的时候这只眼睛轻度感染，医生就用绷带把它蒙了起来，两个星期后才拆掉。对于成人来说，蒙两个星期的眼睛完全不会影响视觉，但是对于刚刚出生的婴儿来说这却是有着极大伤害的做法。

很多父母认为，孩子到了一定的年龄，视觉会自然而然地发展起来，有意识地去开发孩子的视觉根本没有必要。事实上，这种观点是错误的。无论动物还是人，在生命的初期，大脑还处于构建的过程中。任何一种感觉的形成都需要接受一定的刺激后与大脑中的神经中枢联系在一起才能正常地发挥作用。而意大利的那个男孩却在视觉与大脑功能建立联系的时候被剥夺了接触外界刺激的权利，所以原本控制着那只眼睛工作的大脑神经也就慢慢退化了。

一般来说，孩子的视觉敏感期是从出生到六个月的时候，父母一定要抓住这段时间，积极地开发孩子的视力。生活中，父母可以通过一些小游戏有意识地训练孩子的视觉感知能力。

比如，可以准备一个手电筒和一块纱布，晚上用纱布把手电筒蒙上，这样光线就不会太强烈。打开手电筒的同时关上房间的灯，让手电筒慢慢移动，训练孩子用眼睛追逐光线。家长们会发现这时候孩子的目光会专注地留在光束上。不过这个游戏不应该玩得太久，当孩子对光束失去兴趣的时候，就应该停止。

需要提醒父母的一点是，游戏应该是在轻松的氛围中进行的，父母千万不要急功近利，为了训练孩子而强迫孩子做游戏。类似的游戏有很多，父母可以多发现，多尝试。

悠悠家卧室的一面墙上贴了两排CD碟片。这是为什么呢？原来是有一次悠悠的妈妈回家带回来一张碟片，才5个月大的悠悠发现了这张碟片，十分兴奋地看了十来分钟，而且从那以后，悠悠每次看到光碟都会露出开心的笑容。妈妈看见这种情况，就翻出了十几张碟片贴在了墙上，有时候还会变换一下粘贴的形状。

其实这也是一种培养孩子视觉的做法。5个月大的孩子会对光碟感兴趣是因为他们正处于视觉的敏感期，这个时候，孩子对明暗的对比十分敏感，而光碟常常会呈现出不同的颜色，还能够折射很多物品的影像，而这一切都能吸引孩子的注意力。因此孩子的视觉范围稍微扩大之后，家长们都可以采用这个办法来培养孩子的视觉。

除此之外，为了发展孩子的视力，家长还应该为孩子创造更丰富的视觉环境。一位妈妈分享了培养孩子视觉的经验：

我家孩子的婴儿床是可以调节角度的。孩子4个月的时候我就经常为他的婴儿床变换不同角度，这样，孩子就能够看到周围环境中更多的事物。除此之外，我还在他的床里挂了一些小玩具。里边有一个很特殊的洋娃娃，它的头很大，五官没有进行任何的艺术夸张和变形，我常常用这个娃娃来教孩子认识人的五官。我会指着娃娃的鼻子说："宝宝，这是鼻子，宝宝和妈妈都有鼻子。看，这个是妈妈的鼻子。"然后我会指着孩子的鼻子说："这是宝宝的鼻子。"这个时候，孩子总会非常开心，"啊、啊"地回答我。

其实，对于半岁之前的孩子来说，一个五官分布合理的娃娃是一个必需品，因为当孩子的视觉能力得到发展之后，最先引起他兴趣的就是人的五官。当然，当孩子开始对五官感兴趣的时候，镜子也是一个非常有用的道具。当孩子看到镜子后，他会凑上去看镜子里的自己，如果父母在镜子前教孩子找到五官，这不仅有利于孩子视觉的开发，而且还能帮助孩子了解镜子里的人就是他自己，提高孩子的认知水平。

一位妈妈曾经在女儿的床边放了一面镜子，孩子一觉醒来总是会先去寻找镜子，有时候还会翻个身去照镜子。后来这位妈妈发现自己女儿的翻身和抬头能力明显高于同龄人。

孩子稍大一些之后，父母可以让孩子去接触各种形状的东西，比如一些瓶瓶罐罐、勺子、餐盘等。虽然他可能并不知道这些东西是用来做什么的，但是

让他去接触这些东西,就能提高他的视觉注意力。

人们常说:"眼睛是心灵的窗户。"视觉是其他感觉的基础,只有打好视觉基础,孩子的触觉、听觉才能更直接、更具体,也更敏锐。所以家长们一定要抓住孩子视觉发展的敏感期,利用各种方法和道具培养孩子的视觉能力,进而提高孩子的认知能力。

 **教孩子认识世界的颜色**

4岁的莉莉开始对色彩产生了浓厚的兴趣。每当她进入幼儿园的教室,她就会马上拿出自己的图画书,在上边认认真真地进行涂色。老师总是夸莉莉色彩搭配越来越协调,涂的颜色越来越好看。

莉莉回家也不闲着,画画的时候,她能够在书桌前面坐上几个小时。就算妈妈喊她吃饭,她也会对妈妈说:"妈妈,我想涂完这幅图再吃!"妈妈知道这是女儿在享受色彩敏感期,也就没多说什么,不一会儿,莉莉涂完了,把作品展示给妈妈看完之后才去洗手吃饭。

吃过午饭,莉莉又坐在书桌前开始了下午的涂涂画画……

孩子在3~4岁的时候就进入了色彩敏感期。一开始的时候,他们非常喜欢认识各种色彩。这时候父母可以有意识地拿一些色彩鲜艳的东西在孩子眼前晃一下来吸引孩子的注意力。可以给孩子买比较简单的8色或者12色的画笔,再告诉孩子这些是什么颜色的,同时在纸上画一下,这样可以加深孩子的印象,提起他认识色彩的兴趣。

父母也可以准备一个棱镜,把它放在阳光下边,让七色光都照射在地板上,让孩子仔细观察这些色彩。也要注意游戏的时间,不要让孩子失去兴趣。前边我们提到光盘可以帮助孩子提高视觉敏感性,其实光盘也可以帮助孩子认识色彩。父母可以把光盘的背面展示给孩子，变换不同的角度，告诉孩子那些都是什么颜色。注意在阳光下的时候不要把阳光反射到孩子的眼睛里。

当孩子再大一些的时候，他们就会进入触摸、感知色彩的敏感期，大多数孩子都会爱上涂色游戏。儿童心理专家指出，孩子涂色的过程也是为以后的书写打基础的过程，只有通过最开始的乱涂乱画阶段，他们的书写才会有规律。父母可以给孩子准备油彩让他们去自由地创作，当然也可以跟孩子一起投入涂色游戏当中，与孩子一起感受其中的乐趣。

不过，关于色彩的使用，父母或者老师的诱导是非常重要的。如果没有大人的诱导，孩子基本上不会使用色彩，有时候孩子画一张画只使用一种色彩。虽然父母应该引导孩子使用色彩，但是需要注意的是引导孩子而不是强迫孩子。如果发现孩子只使用一种色彩，你可以用商量的口气引导他是不是再加上一种色彩更漂亮，但是千万不要要求孩子按照你的想法去涂色，那样不仅会打击孩子认识色彩的积极性，也会阻碍孩子创造性的发展。

另外父母也要知道，孩子的发展具有不一致性，有的孩子色彩敏感期可能会提前到来，有的可能会延迟到来。所以父母不要看到孩子不喜欢认识色彩、不喜欢画画的现象就强迫孩子去学习，要耐心等待孩子色彩敏感期的到来。

 ## 听觉的敏感期

4个月大的宝宝又哭了，妈妈赶紧拿出刚买的小铃铛，在宝宝面前摇晃起来。这时候清脆的鼓声传了出来，宝宝就像得到命令一样，立刻停止了哭泣，眼睛开始跟着妈妈手中的小铃铛四处乱转。

妈妈继续摇动铃铛，孩子继续目不转睛地看，妈妈看着宝宝这么认真，就对宝宝说："宝宝，这个是小铃铛，会响的小铃铛。"说完又摇了一下铃铛。这时候，孩子的小手开始伸出来，向着铃铛抓去。

还有一个孩子非常奇怪,原本安安稳稳的,如果房间里突然没了声音,孩子就会哇哇大哭。妈妈发现了这种情况之后,当在房间里做事的时候就会故意发出一些声音,或者自己哼唱一些儿童歌曲。每当房间里有声音的时候,孩子就会安安静静的,不再哭泣。

从事例中,我们可以看出,孩子其实是很喜欢有声音的环境的。很多父母为了给孩子一个安静的生活环境,说话总是细声细语,走路也总是悄悄的,其实这是完全没有必要的。让孩子生活在正常的环境中是最有利于孩子成长的,这样他就不会对家里过于安静的气氛感到恐惧。

孩子刚出生的时候,视觉与听觉是分开的,互不干涉,对外界环境的刺激不能做出一致的反应。但是在孩子0~2岁的时间段,既是视觉发育的敏感期,也是听觉发育的敏感期。所以在这个时期,爸爸妈妈应该有意识地给孩子提供一些刺激,让这种刺激既可以训练孩子的听觉,也可以提高孩子的视觉。其实第一个事例中妈妈做得就很好。这样既可以提高听觉和视觉,也能够让这两种感觉协调发展,提高孩子反应的灵敏度。

要抓住孩子的听觉敏感期,妈妈可以试试以下几种小游戏:

1. 运用有声音的玩具。妈妈手里可以拿着玩具,把玩具放在离孩子25~30厘米的位置,一边让玩具发出声音,一边缓缓地移动玩具。当孩子听到声音的时候,他们的视线也会跟着玩具一起移动。妈妈要注意的是,玩具移动的速度一定要慢,如果过快的话,孩子的视线跟不上,就失去了提高孩子反应灵敏度的效果。当孩子对一种声音失去兴趣的时候,妈妈可以换另外一种声音的玩具,或者休息一会儿再继续玩。

2. 让孩子听听舒缓的音乐。不要以为孩子小听不懂音乐,他们同样会被美妙动听、节奏流畅的曲子吸引。所以妈妈可以选择一些经典的曲目来刺激孩子的听觉,但是要注意,音乐的声音不能过大,同时不要选择那些情感变化剧烈的曲子。

3. 在孩子的耳边呼唤他的名字。妈妈可以与孩子面对面,确定孩子把注意力放在妈妈身上之后,在他耳边轻轻呼唤他的名字,当孩子向一边转头的时候,再到孩子的另一边呼唤他的名字。这样就可以提高孩子的注意力和对外界刺激的反应能力。

做以上游戏时一定要注意的是,不管是父母发出的声音还是玩具或者音乐的声音,都一定要柔和动听。那种成人听到都感觉很恐怖的声音一定不要给孩子听。同时,父母不要让孩子长时间地暴露在同一种声音之中,否则孩子就会最终丧失对这种声音的敏感度。

## 让孩子的听力更上一层楼

很多父母可能有这样的经历,那就是每当夜幕降临,周围开始安静下来的时候,孩子总会时不时地问上一句:"妈妈,你听见什么声音了吗?"而妈妈仔细听完之后会发现根本没有任何声音,但是孩子似乎被声音弄得烦躁不安。妈妈再仔细观察周围之后会发现,的确有着不同于以往的噪声,但是并不影响人们休息,不知道孩子为什么会这么敏感地捕捉到这些声音。

其实之所以成人听不到的声音但孩子能听到,是因为我们已经非常熟悉周围的环境了,所以我们常常可以自动过滤掉一些噪声。比如我们白天工作的时候,即使外面的马路上有很多汽车经过,我们依然可以继续工作。另外,我们还可以从噪声中提取我们想听到的那个声音,而孩子并不具备这样的能力,所以他们常常会被噪声干扰。而当孩子开始被噪声困扰的时候,这也代表着孩子的听力比以前提高了。

在嘈杂的环境中选择某种声音或者忽视某种声音,这也是人们听觉能力完备的一种表现。比如当父母开着音乐训练孩子听力的同时,还开着电视等其他的电器,那么孩子是无法集中注意力听音乐的。在这种情况下,家长要有意地训练孩子忽略噪声和在噪声中提取有效声音的能力。

那么怎样帮助孩子的听力更上一层楼呢？

1. 有意在孩子的生活中添加一点噪声。下面是一位母亲训练孩子听力的方法：

为了锻炼孩子应对"噪声"的能力，我故意在给孩子讲故事的时候把电视打开。开始的时候声音很小，等到孩子适应了这种背景声音后，我会渐渐地把声音加大，直到电视的声音和我讲故事的声音差不多。但是到了这个阶段，孩子在两种声音都存在的情况下依然能够专心听我讲故事。

其实这位母亲的做法是很科学的，她循序渐进地培养了孩子适应噪声的能力，而不是一下子把孩子放在一个被噪声环绕的环境中。需要注意的是，如果孩子被电视中的画面和声音吸引，父母应该关掉电视，因为孩子不能专心听故事的情况下，还开着电视就可能会使孩子养成做事不专注的习惯，这样就得不偿失了。

除了以上这种方法，父母还可以带着孩子到商场或者菜市场这样比较嘈杂的场合中，锻炼孩子的听力。

2. 要注意添加噪声的度。给孩子的生活加点噪声提高他们的听力水平，这个想法是好的，但是如果发现孩子已经被噪声折磨得烦躁不安，父母应该主动带着孩子走出噪声环境，稳定孩子的心情。否则，就违背了自己的初衷，还给孩子带来了不必要的压力。

 **口的敏感期**

一位妈妈这样讲述自己家的孩子：

我的孩子今年一岁半，我经常带着他到楼下的小花园去玩耍。可是我发现孩子特别喜欢用手抠地面上的土，而且把能捡到的东西都放进嘴里。我跟孩子说过不要用手抓脏东西，更不要把脏东西放进嘴里。可是孩子就像没有听懂一样，还是见到什么就往嘴里塞什么。这样下去，我真的害怕孩子因为吃了脏东西而生病。

上面的现象并不是个例。另外一位妈妈也有同样的困扰。

女儿14个月大的时候已经学会用手抓东西了，凡是抓在手里的东西她就一定会送进嘴里"检验"。最开始的时候，连自己的手和脚也不放过。现在女儿开始了咬东西，见到什么咬什么。有些人看到女儿这样总是会忍不住阻止她，每当这个时候，女儿总会痛苦地大声哭喊。我就会走过去告诉那些大人不要打扰孩子的"工作"。

话虽如此，但是我也有自己的担心，因为分不清楚放进嘴里的东西是不是安全，所以只能眼睛时时刻刻都盯着她看，生怕她把瓜子皮、硬币等吞到肚子里。还有一次，女儿找到一个带皮的橘子瓣，想都没想就全都放进了嘴里。我刚想上前帮女儿把橘子皮剥下来，只见女儿皱着眉头把橘子皮吐了出来，吃掉了橘子瓣。我笑了："看来孩子还真是用口来认识世界的！"

一般来说，孩子的口腔敏感期集中在出生到2岁这个阶段，在这一阶段，孩子会把自己的大部分注意力放在口上，但是随着年龄的增长，孩子的手和其他器官也会出现敏感期，此时口就不再是探索世界的主要方式了。

口腔敏感期持续时间的长短和孩子所处的环境有很大的关系。如果在这一时期，父母能够给孩子一个宽松的环境，让孩子尽情地去"品尝"世界，探索世界，那么孩子的口腔敏感期会很快过去。但是如果父母强行阻止孩子，这个敏感期可能就会持续很长时间，因为孩子是通过口与外界建立联系的，如果没有建立起与外界的良好关系，那么孩子的口腔敏感期是不会停止的。

那么为了让孩子顺利度过口腔敏感期，父母可以采取哪些技巧来帮助孩子呢？

1. 首先要尊重孩子的口腔敏感期。这时候要允许孩子用口去品尝味道，去探索世界，否则就会引起孩子的不满。第二个事例中当孩子遭到阻止的时候会哭闹就是孩子反抗的表现。为了让孩子快速地度过这个敏感期，父母首先应该明确口腔敏感期的存在并且要尊重孩子的口腔敏感期。

2. 尽量满足孩子的需求。知道孩子具有口腔敏感期后，父母应该尽量去满足孩子的这一需求。如果父母没有满足孩子，那么孩子极有可能去抢别人的食物，拿别人的东西，如果孩子养成了这种坏习惯，以后再想纠正是很困难的。所以为了避免上述情况的发生，父母应该从最大限度上满足孩子的探索需求，支持孩子的探索行动，只有这样，孩子的这段敏感期才会迅速结束。当然父母也要注意孩子的安全，把一些危险的东西，比如剪刀、图钉等物品放到孩子看不到的地方。

3. 关于卫生的问题。其实对于孩子的口腔敏感期，很多父母最担心的就是卫生问题，因为此时的孩子分不清干净和肮脏，所以不管看到什么都会放进嘴里。在家里的时候，父母可以把孩子喜欢放进嘴里的东西洗干净，另外要让孩子锻炼身体以提高免疫力。在外面的时候，父母要学会转移孩子的注意力。比如当孩子捡到小石子的时候，可以自己也捡起一个小石子，扔向远处，然后对孩子说看看谁扔得远。这样孩子把石子放进嘴巴里的机会就减少了。

## 给孩子最直观的味觉认知

味觉是孩子出生时候最优秀的感觉之一，它同样是孩子认识外界事物、探索世界奥秘的重要途径。不过味觉很多时候都需要嗅觉的辅助，所以两者通常是密不可分的。

长期以来，人们一直认为味觉对于孩子的心理和生理发展不像视觉和听觉那样重要，但是最近的研究结果表明，味觉是人类最初维持生存、防御危险的重要手段，所以训练孩子的味觉同样非常重要，对味觉的训练同样能够促进孩子感官功能的全面发展。

田田出生后，妈妈身体没有恢复好，所以不能给孩子进行母乳喂养，只能给她吃配方奶粉。后来妈妈听朋友说另外一种奶粉质量很好，于是就打算给孩子换换。可是不管用什么办法吸引她，田田就是不肯喝新奶粉。田田把自己的苦恼和其他的新妈妈们进行交流，这才发现原来并不是田田很挑剔，很多孩子都出现过同样的状况。那些妈妈教给田田妈妈一个好办法，那就是按照每天递减原有奶粉的比例冲调奶粉给田田喝，让孩子逐渐接受新奶粉的味道。

香香最喜欢吃妈妈做的馄饨，每次都能吃上好几个。最近，妈妈为了让女儿能够摄取更多的营养，也为了给女儿换换口味，于是给孩子做了羊肉香菜馅的馄饨。谁知刚吃了一口，女儿就把嘴里的东西吐了出来，说有股怪味道。后来女儿就学会了给妈妈做的菜挑毛病，不是咸了就是淡了，要不就是有股怪味道。妈妈很奇怪，女儿以前不挑食的，这是怎么回事呢？

当孩子刚刚出生的时候，他就会以一种对味道的偏爱与养育者进行一种无声的沟通。这时候他的味觉已经很灵敏了，对于不同的味道会有不同的反应。婴儿时期的孩子更喜欢吮吸和吞咽一些带有甜味的东西，对于苦味、酸味和咸味的东西非常排斥。其实，这种反应对于生存具有重要意义，因为对新生儿来说最理想的食品就是略带甜味的母乳。

孩子4个月左右的时候才开始喜欢咸味，这也是为他开始吃非流食做准备。口味形成和味觉发育的黄金时期是在1岁以内，此时父母应该避免给孩子吃过甜或者过咸的食物。为了给孩子添加辅食做准备，父母可以让这一时期的孩子多喝一些果汁和蔬菜汁，这可以让孩子记住更多的味道并且不排斥这些味道，也可以防止孩子养成挑食的毛病。

还有很多妈妈可能会发现原本不挑食的孩子变得挑食了，就像故事中的香香一样，其实这是孩子进入了味觉敏感期的原因。这个时期的孩子，即使是同一种食物，只要味道稍有改变，他们就能很敏锐地觉察到。有些孩子对于酸味的食品特别敏感，有些则对胡萝卜、青椒非常反感。其实父母应该在孩子敏感期的时候引导孩子尝试更多的味道，刺激他们的味觉感受。否则孩子就会排斥某种食品，严重的甚至会影响孩子一生的口味。

要给孩子更丰富的味觉感受，父母要让孩子多多品尝各种味道，并在一旁给予语言的介绍，这样孩子就会对味道形成直观的感受。比如给孩子一杯糖水，可以在孩子喝的时候，轻轻地告诉孩子："孩子，这杯水是甜的。"这样孩子就会将他所听到的声音和味觉联系起来，随着经验的积累和认知能力的发展，孩子就会逐渐学会辨别味道并理解这种味道所代表的含义。

## 嗅觉的敏感期

孩子天生就有嗅觉，那么嗅觉还需要培养吗？其实这是一个见仁见智的问题。有些人可能会说虽然人的嗅觉没有视觉和听觉那么重要，但是训练过和没训练过还是有差别的；另一些人可能持这样的观点："我的孩子长大不当闻香师、调味师、调酒师……训练嗅觉没有必要。"其实嗅觉的功能远远不止闻味道那么简单，它在人类出现的早期曾经起到过重要的作用。早期的人类可以依靠嗅觉来避免危险的环境和事物，嗅觉是一种凭直觉做出反应的感觉。当人吸气时，空气中的气味借着鼻黏膜上的感受器，由嗅觉神经传送到大脑中的海马叶。人类可以通过嗅觉来避免很多潜在的危险，比如很多人如果闻到不好的味道会自动避开那个环境，这就是嗅觉的功能之一。

当然嗅觉除了可以帮助人类避免危险的环境和事物，也可以帮助人们拥有一种安全感。如果到了一个气味与家里很相似的地方，人们大多数会感到放松和舒适，如果这个环境的味道与自己喜欢的味道大相径庭，人们就不自觉地感到紧张。

研究表明，孩子从刚刚出生的时候就具有了一定的嗅觉功能，而且是非常灵敏的，他们能够很轻松地识别母亲的气味。

曾经有科学家做过这样一个实验，当孩子哭闹不休时，将留有母亲气味的衣服放在婴儿的枕头下面，就可以帮助孩子安然入睡。有的孩子即使在睡觉的时候，也能够轻松地辨别出躺在自己身边的是不是自己的妈妈。有人曾经做过这样的实验：一位妈妈抱着不属于自己的孩子给其喂奶，但是孩子凭着灵敏的嗅觉知道这不是自己的妈妈，所以拒绝吃奶。

小皮皮刚刚出生不久，因为妈妈忙不过来，所以外婆过来帮忙带孩子。开始的时候，皮皮和外婆很亲，但是最近不知道怎么回事，只要外婆一抱他他就开始放声大哭。妈妈很奇怪，就仔细观察了一下，发现外婆和以前并没有多大的变化，只是这两天刚刚换了个发型，染了下头发而已。

其实皮皮的妈妈不知道，皮皮的变化就是因为外婆的新发型，更确切地说是外婆所用的染发剂。染发剂通常会有很大的味道，有的时候一周都散不掉。而孩子习惯了外婆身上原来的味道，他知道那种味道没有危险，很安全。当孩子闻到陌生的味道时，孩子就会觉得自己来到了一个不安全的环境，会很恐惧，也正是这个原因，外婆一抱起皮皮，皮皮就会哭闹。

其实，熟悉的味道能够给孩子带来安全感，他知道熟悉的味道代表着安全的环境，知道自己没有危险，这样他的心情会很平和。一旦周围的气味发生了改变，他就知道自己所处的环境有不熟悉的人或物品进入，他不能判断这个人或物品是不是有危险，只能靠大声哭喊来呼唤父母保护自己。

所以，为了给孩子安全感，父母要保证孩子周围的气味相对固定。只有这样，孩子才能对周围的环境产生信任的感觉，同时这种环境也有利于亲子依恋关系的形成。

##  教孩子认识更多的气味

正如孩子对某些图案和声音有偏爱一样,他对气味也十分敏感。当孩子闻到牛奶、香蕉等食物发出的香味时,他会深呼吸;当他闻到酒精和醋等刺激性气味时,他会扭头。在孩子出生仅一周的时候,他就会把自己的头转向自己母亲的乳房衬垫,而对其他母亲的乳房衬垫没有反应。嗅觉就像一个小雷达,时时刻刻搜索着美好的感受和安全的环境,并且指导他远离可能造成伤害的物质。因此,对于嗅觉的训练是有必要的。如果孩子的嗅觉发育不健全,本来可以嗅出的味道不能辨别,这不仅会使孩子反应迟钝、辨别力差,也有可能让孩子对潜在的毒气、毒物、危险品不够警觉,最终不能及时回避、逃离,严重的可能会有生命危险。

训练嗅觉的关键就是要让孩子对于潜在的危险气味有一种本能的警觉,一旦嗅到气味不对,就应该迅速逃离。当父母带着孩子出去玩的时候,首先要带着孩子深呼吸,闻闻周围的气味,如果周围的气味不正常,那么就要带着孩子马上离开。时间长了,孩子就会对气味形成警觉性。

为了提高孩子嗅觉的灵敏度,父母要在孩子出生早期就开始有意识的嗅觉训练,给予孩子更多的嗅觉刺激。实验表明,孩子在出生1个月之内就已经拥有灵敏的嗅觉了,此时他们的嗅觉系统非常发达,能够分辨出不同的气味,一点点特殊的气味都能引起孩子的注意。7个月大的婴儿开始能够分辨出芳香的气味,但是要很好地辨认各种气味,要到2岁左右才可以。

在孩子一个月的时候,父母可以把孩子抱在怀里,让孩子闻闻不同的香水味。首先把一种香水放在孩子的鼻子下面,缓慢地移动3次,如果宝宝脸部肌肉抽动，就是他对这种气味有了反应。另外也可以在孩子洗澡的时候，让他闻闻香皂、爽身粉的味道，并且要告诉他这是什么味道。

等到孩子稍微大一点，可以让孩子闻各种鲜花的香味。等他熟悉了这些味道之后可以把孩子的眼睛蒙起来，让他闻到花香说出花的名字。做这个游戏的时候要注意的是，对孩子的嗅觉训练不可能一蹴而就，所以不要一次性选择过多的花朵，而且要选择气味对比强烈的鲜花进行区别。此外，要注意孩子的体质，如果宝宝是过敏体质，要避免这项训练，否则会引起花粉过敏。父母可以开动脑筋，其实周围有很多东西可以利用，比如蔬菜、水果、海鲜或者蛋糕等一些具有独特气味的东西。

父母还可以与孩子玩"闻香识人"的游戏。可以让孩子闻闻周边亲人的味道，然后蒙上孩子的眼睛，让孩子嗅一嗅，就像听声音就知道是谁发出的一样，让孩子闻到味道就知道是谁。虽说人的鼻子没有狗鼻子灵，但是人的鼻子同样能嗅出很多气味的细微差别，不同的人有不同的味道，对人类来说，这并不是不能区分的。

其实训练孩子嗅觉最好的场所就是大自然了，父母要抓住一切机会让孩子认识各种不同的味道。爸爸妈妈可以经常带着孩子去户外闻闻花草树木的气味，以及泥土的味道，也可以到海边感受一下鱼腥的味道。只要走入大自然，来自大自然的种种味道一定能够给孩子的嗅觉带来全面的冲击。

还有研究显示，用鼻子来呼吸可以提高脑部对气味的灵敏度，使脑电波波动幅度变大，这也会使脑部的运作更灵活。鼻子不通畅的人，气体无法上传到嗅觉细胞，所以可能会暂时或长期地失去嗅觉，这会影响注意力和记忆力。所以父母要提醒孩子用鼻子呼吸，改掉他们用嘴呼吸的习惯。

##  触觉的敏感期

公交车上,一位爸爸抱着四五个月大的孩子上了车。人们纷纷给这位爸爸让座。爸爸坐下后,孩子就伸着手要抓车上的吊环,爸爸不想站起来,就没有动,结果孩子不依不饶,手一个劲儿地往上伸。爸爸没办法只好抱着孩子站了起来,孩子拿着吊环,玩得十分开心。后来孩子玩够了,爸爸抱着他坐下,发现孩子的手仍然一刻都闲不下来,一会儿摸摸窗户玻璃,一会儿摆弄一下衣服,一会儿又去摸摸椅背。

六个月的小伦也是这样一个手闲不住的孩子。他意外地发现了一条丝巾,于是就拿着这条丝巾来回挥舞,还把它放在地上拍打、揉搓。妈妈发现的时候气坏了,原来这是当年小伦的爸爸送给她的定情信物,两个人都把这条丝巾看得很贵重,但是现在已经变成了沾满小伦口水的破布。

前面说过孩子认识世界时最开始使用的工具是口。通过口与物体的亲密接触,孩子慢慢知道了什么是可以吃的什么是不可以吃的,一般0~8个月的孩子就能准确地使用口。实际上孩子不仅用口来认识世界,也可以用口来唤醒身体的其他部分。当孩子第一次把手放到嘴里的时候,其实就已经唤醒了手的知觉,从那时候开始他们就在尝试着用手来探索世界。

等到孩子口的敏感期过去,他们使用手的敏感期就来了。这时候的孩子总是一刻不停地挥舞着双手,见到方的就捏、见到圆的就按、见到线就拽、见到扁的就扔。有时候他们会把手放在物品上摸一下,然后握紧拳头,再张开,在家长眼里很无聊的动作，孩子就能一下玩上几个小时。其实这在大人看来是一个非常简单的动作，但是对孩子却有着特殊的意义。这是他们用手去捕捉事物、认识世界的一次次尝试，在不断尝试的过程中，孩子不仅通过摸、揉、扔、拽感觉到这些能用手接触到的物体，而且在这个过程中了解到手是自己的一部分，具有很强大的力量，同时也在这个过程中增加了手的灵活度。

父母要充分尊重孩子用手的敏感期，抓住这个时机提高孩子的触觉敏感度。首先父母要给孩子用手探索的自由。我们中国有句古话叫作"心灵手巧"，父母要知道，孩子手的活动不仅仅是手的活动，它还与孩子的智力发展水平紧密相连。如果父母对这些不了解，不仅不给孩子用手的自由，还人为设置很多障碍的话，就相当于剥夺了他认识世界的机会。

父母还要开动脑筋，给孩子提供尽量多的物品，可以给孩子准备一些不怕摔的东西。孩子喜欢摔东西并不是有意给父母找麻烦，而是他们发现了手的新功能，那就是不仅能够抓东西，还能扔东西，这对他们来说是一个重大的发现，所以他们要不断地验证手的功能，借此来表明自己力量的强大。

现实中，有些孩子非常善于做一些细活，比如缝纽扣、绣十字绣之类的，但是有些人却在面对这些东西的时候显得十分笨拙，有的甚至连线都穿不过去，这就是因为孩子手的灵活性存在的差异，与孩子在手的敏感期所处的家庭环境有很大的关系。

 **玩沙、玩水也是触觉锻炼**

小区里的健身中心有一个沙池，每天总是有几个孩子在那里乐呵呵地玩沙子，似乎总也玩不够。

有一个小朋友抓起一把细沙，让沙子从指缝间流出，落到手臂上，再从手臂上落到沙池里。这种感觉让他惊喜，他的脸上流露出难以掩饰的兴奋表

情。还有个小孩子手里拿着一个袋子,他用手把沙子收到袋子里,当袋子装满以后,他立刻就会倒掉重装。另一个孩子则在角落里专心地制作什么东西,旁边一个孩子问:"你在做什么?"这个孩子回答:"做蛋糕!""那我们一起做吧!""好啊!"说完两个孩子就开心地做起蛋糕来了。

这些小朋友每天都在这里玩沙子,没有人干扰他们,他们也互相不干扰。

星期六上午,妈妈在打扫卫生,3岁的女儿一个人在卫生间折腾着,很安静,一点也没有打扰到妈妈干活。妈妈打扫完房间就来到孩子面前看看她在做什么。

原来女儿正在兴致勃勃地玩水,她一声不响地玩着自己发明的小游戏,先在盆里装满水,然后把自己的小鸭子玩具和所有的皮球都扔进了盆里。接着,又把这些玩具都捞了出来,放进另一个盆里,然后把原来盆里的水倒进这个盆里。就这样,来来回回,女儿玩得不亦乐乎。

前面我们说过,孩子在手的敏感期会喜欢一些软软黏黏的东西,其实沙和水跟那些东西相比有相似之处,所以他们很容易被沙子和水吸引,而且在玩沙和玩水的时候,他们会非常专注,脸上挂着满足的表情。

沙子虽然是固体的,但是会像水一样流动,它变化无常又容易被掌握,有着数不清的玩法,这在很大程度上促进了孩子的想象力和创造力,同时也能培养孩子的空间感。水和沙子一样也具有各种各样奇妙的玩法。所以孩子总会把沙子和水融为一体,在它们之间寻找更好的玩法。孩子们对水的兴趣甚至会持续到12岁。

父母要理解孩子这种喜欢玩水玩沙的行为。你可以回想一下自己小时候,肯定会回想起一些玩泥巴、玩水、玩沙的经历。即使是现在,我们到海边或者河边,总是会情不自禁地脱鞋感受细沙和水流,这其实就是在最大程度上亲近自然,感受沙与水的魅力。所以父母一定要理解孩子的玩沙、玩水行为,要允许他们去玩,不要担心孩子的衣服被弄脏。与发展孩子的天性相比,衣服弄脏算得了什么呢?

有些孩子很喜欢玩水，有的时候父母会发现孩子正在玩尿。其实，父母完全没有必要过于担心孩子的心态，因为在孩子眼里，尿跟水是没有区别的，尤其是孩子把尿尿到土上的时候，他们会非常开心地玩尿泥。很多孩子都有玩尿的经历，虽然成人会感觉不太舒服，但是孩子的尿实际上是安全的。当孩子在玩尿的时候，父母不要无故打断孩子，因为这会破坏孩子成长的机会，也可能会造成孩子不专心、对任何事情都提不起兴趣的性格。

 **动作的敏感期**

笑笑刚刚出生的时候就像一个布娃娃，妈妈怎么摆放就得怎么待着。但是随着孩子的抬头、翻身、坐、爬等一系列动作的完成，笑笑的世界明显变得更大了。现在她可以不用妈妈的帮助就爬到自己喜欢去的任何地方，似乎每一天都能发现新鲜的乐趣。

最近，两岁半的宁宁爱上了转圈。刚开始的时候，她是不停地围着大人转来转去。有时候也会牵着大人的手在屋里旋转。只要一转，她就会变得非常高兴。后来，她觉得拉着大人的手转圈不过瘾，于是就开始自己在原地不停地旋转。妈妈总是很担心她转晕了摔倒，但是宁宁似乎很有分寸，每当快要晕倒的时候，就找个地方扶着休息一会儿。

这种转圈的游戏在大人心里可能会觉得非常无聊，可是宁宁却玩得很开心。每次转完之后，她都会咯咯地笑上一会儿，一脸满足的样子。

一个两岁的孩子最近喜欢上了扔东西。他最爱的游戏就是拼命把球扔进树丛里，然后再自己去捡回来。把球捡回来的时候，孩子就会很开心地大笑，笑过之后就会把球换个方向扔出去，然后再去捡……

以上的几个例子中，孩子都是在训练自己的动作，属于动作敏感期的范畴，但是蒙台梭利曾经说过："运动除了能够增强体质之外，对心理发展本身也起着非常重要的作用。"

当然，孩子动作的敏感期也是探索空间的敏感期。通过运动，孩子会产生空间感，形成空间的概念。就像第二个故事中的孩子喜欢旋转一样，每个孩子实际上都会出现这么一个时期，这是因为他忽然发现自己生活在一个自由的空间里，所以就选择用旋转的方式来感知这个空间。

不过遗憾的是，很多父母并不了解孩子的运动敏感期和空间敏感期的重要性，他们甚至会以为孩子是在故意捣乱。很多孩子喜欢在这个阶段爬到高处再跳下来，但是很多父母会以危险为理由阻止孩子这样做。还有些父母被孩子弄得精疲力竭之后会采用强制的方法限制孩子的行为。这些父母的做法实际上严重阻碍了孩子的正常发展，科学研究也显示这样的做法是不科学的。父母要知道，孩子喜欢爬高和跳下是因为孩子有相应的心理需求，如果父母干涉孩子的行为，那么不仅孩子的心理需求难以得到满足，而且他们动作的发展潜能也得不到正常的发展。

另外，父母在此时不要帮助孩子完成探索的动作，而是要在孩子身后做一个欣赏者。有时孩子在爬高的时候得到了家长的帮助，家长还沾沾自喜地想："我不仅帮助孩子完成了探索行为，还培养了他的安全意识。"其实家长的帮助对孩子来说恰恰是让他丧失了安全意识，因为有了被帮助的经验之后，孩子就会觉得，以后当他需要支点或者踩空的时候，一定会有人来帮助他。产生这种错误意识后，孩子再去探索空间的时候很容易受伤。所以聪明的父母要承受一定的压力，做一个舍得让孩子去冒险的家长，给孩子充分的自由，让他尽情地去探索和成长。

# 让孩子体会改变世界的乐趣

最近,原本喜欢户外活动的晓峰忽然喜欢上了"宅"在家里。那么他在家里干什么呢?原来他喜欢上了剪纸游戏。

他总是先拿出一张纸来折叠,折好折痕之后就拿出剪刀沿着折痕去剪纸。这个孩子的手很灵活,总是能够按照折痕把纸剪得整整齐齐的,然后他会把自己剪好的小纸片小心翼翼地装进一个塑料袋里面保存起来。

娜娜今年3岁半,她前一段时间突然迷上了剪纸,不过剪得很不好。但是妈妈没有嘲笑她也没有训斥她,而是给她提供了足够的纸让她自由发挥。后来大约过了一个月,妈妈惊奇地发现女儿已经不是乱剪一气了,而是开始按照一条线来规规矩矩地剪。后来她又让妈妈给她买来剪纸的书,然后她就顺着线剪出各种各样的形状,她的房间里也贴满了她的剪纸作品。

后来她对剪纸失去了兴趣,爱上了涂涂画画的。开始的时候同样是乱涂乱画,没有一点章法,但是现在她不仅能够按照线涂出物品的形状,而且也学会了很好地搭配色彩。

其实,孩子到了三四岁的时候会自然地爱上剪、贴、涂的动作,并且能够专心致志地做这些事情做上好久。至于他怎么来完成他的作品或者他的作品到底体现了什么样的主题就只有孩子自己知道了。父母要做的就是给他提供材料,让他去完成这些事情,尽量不去打扰。在这个过程中,孩子能够学会使用一些简单的工具,比如剪子、小刀等物品。他们创作的过程也是孩子享受改变世界的乐趣的过程。

在孩子剪、贴、涂的过程中，他们提高了动作的灵活性。此时他们虽然还不能做更精细的动作，比如写字、创作一幅真正的画，但是他们做剪纸或者剪图这样的动作是不难的。开始的时候父母不要强迫孩子一定要剪成什么形状，要让孩子随意地去剪。在这个过程中孩子手的灵活性已经得到了提升，随后孩子自然而然就能够更灵活地把纸片剪成自己喜欢的形状。

孩子在这个敏感期，不仅喜欢剪纸，还会慢慢喜欢涂色。当然这也是孩子色彩敏感期和绘画敏感期的表现。为了让孩子顺利地掌握这些技能，父母可以为孩子提供一些涂色或者教孩子涂鸦的书，给孩子讲解书中的内容，指导孩子去模仿和学习。随着孩子用笔能力的提高，他们就会逐渐形成自己的想法，并且开始自己的创作。此时，父母不要强迫孩子画什么，也不要教孩子应该怎样画，要保护孩子用笔的积极性，为孩子后期学习写字打下基础。

为了提高孩子动手的兴趣，教会孩子使用更多的工具，父母还可以与孩子一起进行一些手工制作。比如现在很流行的纸模型制作，可以买一些富有特色的建筑物模型和孩子一起来完成，这不仅可以锻炼孩子的动手能力，还可以增进亲子间的感情。另外，也有很多传统的东西可以利用，比如爸爸妈妈小时候常做的用饮料瓶子或者易拉罐制成的装饰品，现在同样可以拿来和孩子一起游戏。其实生活中有很多东西都可以"变废为宝"，爸爸妈妈不妨开动脑筋，让这些没用的东西变成孩子成长过程中的"大功臣"。

## 语言的敏感期

孩子对语言的认识和最终学会使用语言这个工具是有规律的。一般来说，孩子的语言敏感期是0～3岁，这个时期可以被划分为两个阶段。第一个阶段是语言前期，这时候孩子并不会开口说话，不过家长不能因为孩子没有开口说话就忽视了孩子语言能力的培养。这个时期不要让孩子远离语言,而是要让他们时刻处于语言的环境中,熟悉和认识语言,为学习语言打好基础。第二个阶段被称作"语言期",是孩子的1~3岁,这个时候孩子的主要任务是通过模仿练习发音和学习语言。

下面我们来详细讲述一下父母如何让孩子感知语言,为孩子开口说话打下基础。

语言的学习规律是先接收,再理解,最后是自己的表达。这就像是盖高楼,只有基础打得牢固,孩子日后的语言学习才能顺畅地发展。

在感知语言的阶段,父母要为孩子准备优良、丰富、多元化的语言环境。有研究表明,孩子在出生几天后就能够辨别外界不同的声音,尤其对妈妈的声音十分敏感,他们甚至已经学会通过声音来判断妈妈的情绪。这都表明此时孩子对语音已经产生了敏感性。这时候,为了保持和进一步刺激孩子对语音的敏感程度,父母不必刻意保持房间的安静,而是应该让孩子慢慢熟悉家庭中正常的声响。在这种自然的声响中,孩子对声音的感知能力会逐步得到提高。

2~3个月的时候,孩子就有了想要"说"的意识,他们感到舒服或者高兴的时候,会发出很满足的声音,比如"啊""哦"等。孩子越高兴,发出的声音就越多,所以父母要尽量为孩子创造一个舒适的环境,这样他们就会不断地进行发音练习,这实际上是孩子学习语言的开始。此时,如果父母模仿孩子的声音会给他们带来极大的满足感,这同样可以激发他们继续学习发音的兴趣。

5~6个月的时候,孩子会对一些叠音词非常感兴趣,这时候家长可以给孩子念一些比如"爸爸""妈妈""哥哥""妹妹"等词给他听。不过需要注意的是,家长不要把所有的物品都用叠字的形式告诉孩子,比如"桌桌""饭饭"等。虽然这一时期的孩子喜欢这类叠字,但是如果长期听到这样的词,会把孩子领进语言的误区,使孩子养成不良的说话习惯。

当孩子7~8个月的时候,他们已经开始"理解"父母的语言了。这时候的孩子可以听到爸爸妈妈的指令后做出相应的动作,比如再见或者拍手等动作。这个时候,父母要注意抓住一切机会与孩子说话,无论是在给孩子喂饭、洗澡还是穿衣服的时候,都要一边说一边做,这样孩子就能把家长的语言和动作联系起来，还会对很多概念形成自己的认识。

在孩子9～11个月的时候，孩子已经会喊"爸爸妈妈"，还会用手指向自己想要的东西，用摇头来表示反对。这个时期的孩子对拟声词非常感兴趣，所以为了激起孩子学习语言的兴趣，家长可以在说话时多用一些拟声词，比如"小狗汪汪叫""自来水哗哗地流"等。孩子听到这些会非常开心，也会跟着去模仿。

对于孩子来说，前语言时期是他们掌握语言的基础，这时候他们最重要的任务就是感知语言，并且练习最基本的发音。父母一定要抓住这个敏感期对孩子进行语言的启蒙训练。

## 学习语言，从重复和模仿开始

"我的孩子正处于语言敏感期，最近她变得有些奇怪。那天我正在厨房做饭，刚刚学会说话的孩子自己在客厅里玩游戏。忽然，我听见孩子叫我'妈妈'，于是我赶紧放下手里的活去看她。我问她怎么了，她看了我一眼，没有说话。于是我又回到厨房，没过一会儿，孩子又叫我，我跑出去看发现还是没事。就这样来来回回重复了好多次，我真不知道孩子到底是怎么回事！"

下面是一个正处于语言敏感期的孩子和妈妈之间的对话。

妈妈："宝宝，我们去花园里吧？"

孩子："宝宝，我们去花园里吧？"

妈妈："你真淘气！"

孩子："你真淘气！"

妈妈："告诉妈妈去不去！"

孩子："告诉妈妈去不去！"

妈妈："我要生气了！"

孩子："我要生气了！"

其实上面出现的两种情况都是孩子学习语言的过程中出现的正常现象。孩子的语言基本上是从重复和模仿开始的。

大多数刚刚学会说话的孩子都喜欢重复同一个词，那么孩子为什么会出现这种情况呢？站在孩子的角度上，这种情况并不难理解。孩子刚刚开始学会语言的时候可能并不能把语言和物品对号入座，直到有一天他惊喜地发现自己说出一个词，妈妈竟然递给他一个东西，这个时候他们就知道原来自己的语言是有力量的，它可以帮助自己得到想要的东西。于是他就会开始有意识地把自己知道的语言和物品配对，就像第一个故事中的孩子一样，她在和妈妈的一问一答中体验到了语言所带来的乐趣。这种重复的现象正是孩子进入语言敏感期的第二阶段的标志。

随后，孩子会放弃这种简单的词语重复，进入一种更高级的重复阶段，那就是模仿别人所说的话。在这一阶段，孩子就像一个"复读机"，别人说什么，他也说什么，别人问他话他也不懂，只是机械地重复别人的话。

也许最早的时候，孩子是模仿父母说的某一个字，或者一个词，但是随着时间的推移，他模仿的东西就会越来越多，句子也会越来越长。

不过孩子对句子的模仿通常不分场合，只要自己高兴或者感兴趣，他就会说出来。这有时候会让家长很尴尬。还有很多家长会把孩子的这种行为当作"淘气"的一种，常常阻止孩子的这种行为。其实这对孩子的语言学习是很不利的。

模仿是孩子最重要的一种学习语言的方式，也是语言敏感期的儿童常见的表现。如果家长强行剥夺了孩子模仿别人说话的权利，那么孩子语言能力的发展就会大大减缓。

所以父母在这个语言发展的关键时期，一定不要强迫孩子，要给他自由，让他随意模仿。孩子本身没有是非观念，所以这个时期他所学的话是五花八

门,无所不包。有可能是动人的诗句,当然也有可能是不雅的脏话,对这些话他们都会不加选择地去重复,而且很开心。如果听到孩子学会一句诗歌,父母大多会很高兴;但是孩子嘴里说出脏话的时候,家长就很难保持平静了,其实骂人的脏话和优美的诗歌在孩子眼里并没有区别,所以父母不必着急,也不必强迫孩子不去说。等到孩子失去对这个词汇的新鲜感,他就自然不会再说了。

当父母发现孩子喜欢模仿别人说话的时候,可以有意识地进行一些语言训练。比如,给孩子读一些文字优美的故事,让孩子去模仿这种精确优美的语言,体验语言的魅力;也可以把孩子已经会说的话放进新的句子里,不断加长句子让孩子来重复。这样孩子就能从最初的单纯模仿慢慢过渡到使用语言来表达自己的想法。

# 第五章
# 确定孩子性格，发现性格优势

认可孩子的天性

测试：确定孩子的"型号"

注重提高领袖型孩子的情商

注重激发和平型孩子的斗志

鼓励完美型孩子接受不完美

帮助助人型孩子设定付出底线

帮助成就型孩子正确认识成功

引导浪漫型孩子珍惜已有事物

鼓励思考型孩子要及时行动

让怀疑型孩子学会相信他人

引导活跃型孩子学会承担

 ## 认可孩子的天性

许多年来，心理学家都在探讨一个问题：性格究竟是天生的，还是在成长过程中形成的呢？实际上，性格是天生具备的特点，但是会受到环境的影响。这种从小保留下来的性格是天生性格，而成长过程中因为受到周围环境影响形成的性格是后天性格。

既然性格是人固有的特征，那么最大限度地发挥性格优点就是自我实现的过程。著名心理学家卡尔·古斯塔夫·荣格在《心理类型学》一书中提出："植物要开花结果，首先需要的是适合自己的土壤。"就像不同的花朵需要在不同的生长条件才能开出绚丽的花朵一样，不同性格的孩子也需要在不同的环境去培养才能实现自己最大的价值。只有把"本性的根"种植在"适合的土壤"中，这根最终才能成长为"茁壮的树"。

帅帅是一个活泼的男孩子，总是精力充沛，但是她妈妈却总是希望他能安安静静地坐在书房里看书，所以经常把他放在书房里不让出门。这样过了一段时间之后，不仅帅帅的学习成绩没有得到提高，整个人也变得萎靡不振，天天没精打采的。

了解自己的性格是认识真正自我的过程，了解自己的性格就像是在思考自己是属于什么样的"树"，也可以说是了解自己到底是什么样的人的过程。每个人都想实现自我的价值，但是想要成为人生的主人，就必须要了解自己天生的性格。不过性格的培养不是随意进行的，而是需要根据天生的性格进行培

养,与其说这是一个培养的过程,不如说这是一个让天生的性格更加健全的过程。而为这一过程奠定基础的就是父母提供的成长环境,父母对孩子的任何期望都应该建立在了解孩子的天性的基础上,只有这样孩子才能更好地了解自己,接纳他人,并使自己的努力更加有效率。让孩子按照天性去成长,孩子会更容易成才。

有这样一个家庭,在外人看来儿子非常优秀,这个孩子从来没有上过任何的课外辅导班就考上了名牌大学的金融系,按理说应该是家里的骄傲。但是不知道为什么,这家的爸爸和儿子总是冲突不断,有时候爸爸气急了甚至会动手打儿子,而最近两人的矛盾达到了顶峰,儿子再也不肯跟爸爸说话了。

后来妈妈拖着这对父子来到一位心理医生面前进行心理治疗。心理医生为父子俩分别进行了测试,结果发现爸爸是性格豁达开放,很善于解决现实问题,并且手段高明的性格类型;儿子则属于内向型的性格,直觉出众,但是不爱说话,虽然解决现实问题的手段比较弱,但是思维敏捷严密,这种孩子最擅长抓住事物的本质和规律。

父子俩闹矛盾的根源是爸爸希望儿子像自己一样成为一个现实、务实的人。但是他没有注意到儿子的性格,这种性格的孩子绝对不能出手打,因为家庭对他逼迫越厉害,他就会反抗越厉害,这样父子之间的感情也就越来越远了。

世界上没有不爱孩子的父母,但是如果父母不考虑孩子的真正需要,一意孤行地采取单方面的行动,这样最终会毁掉孩子。只有父母首先认可了孩子天生的性格,并且按照孩子的性格来设计未来,这样孩子才会感觉到幸福,才会更容易成才。

## 测试：确定孩子的"型号"

请完成下面的测试，了解一下孩子属于哪种人格，在符合孩子日常行为的（　）内打"√"。

**测试1**

（　）有很多朋友

（　）身体强壮有信心，精力旺盛

（　）无论在哪里都喜欢做领导者，是个"孩子王"

（　）经常轻视朋友的意见或者跟别人发生争执

（　）把好朋友当作自己人，努力保护他们

（　）不喜欢服从别人

（　）勇敢，喜欢冒险

（　）有时候固执己见，会顶撞父母和老师

（　）看到慢条斯理的人，就会焦急烦躁，不能忍耐

（　）发脾气的时候行为过激，不过脾气来得快去得也快

（　）雷厉风行，敢作敢为

（　）对前辈谦逊有礼，毕恭毕敬

（　）坦诚率真，但是偶尔也有脆弱的一面

（　）做自己喜欢的事情时干劲十足，埋头钻研

（　）独立意识强，但是会尽力孝顺父母

"√"的个数（　）

## 测试2

（　）温顺听话，做事让父母放心

（　）喜欢父母拥抱自己或是类似的身体接触

（　）家人或者朋友吵架的时候会感到郁闷，并且会刻意回避

（　）在学校里受了伤也不告诉父母，这类现象很多

（　）遇到选择性的问题，倾向于把决定权交给朋友或者长辈

（　）不擅长整理物品，一些杂七杂八的东西不会及时清理

（　）购物的时候，挑选必需品需要很长时间

（　）必须要做的事情拖拖拉拉，开始之前浪费很多时间

（　）喜欢在家无所事事，或者是用电视、电脑打发时间

（　）考试的时候漫不经心，填写答案草草了事，知道的问题也会出错

（　）平时做事不紧不慢，但是一旦开始就不会放弃

（　）受到训斥或者被强制做什么事情，就会固执己见或者什么都不做

（　）在他人面前言行不够自然大方

（　）害怕电影电视中的暴力场面

（　）乐观开朗，游戏的时候不计较输赢，而是享受游戏本身带来的快乐

"√"的个数（　）

## 测试3

（　）能够自己把房间或者书桌整理得干干净净

（　）在学校和家里喜欢包揽事情

（　）手疾眼快，不需要父母催促就可以把事情做得井井有条

（　）责任心强，无论担任什么角色，都能做到尽善尽美

（　）喜欢忙碌的生活节奏

（　）喜欢装作了解他人，并且有干涉他人的倾向

（　）心里很在意别人对自己的看法，担心受到批评或者指责

（　）发完脾气不容易恢复

（　）生气的时候过分激动，时常自己怄气

（　）富有正义感，思考问题比较理想化，希望能改善不良的现状

（　）认真，不喜欢开玩笑

（　）有毅力去改正自己的缺点

（　）对待别人总有一种颐指气使的倾向

（　）当朋友不遵守纪律的时候，总是气愤地进行批评

（　）回家后立刻做作业，做完才肯放松

"√"的个数（　　）

**测试4**

（　）心灵脆弱，容易受伤害

（　）不擅长向别人提要求

（　）善解人意，即使对方不说出来，也能领悟别人的意思

（　）表现活泼开朗，但是通常是为了博得别人的好感

（　）喜欢朋友依赖自己

（　）讲义气，总是把自己和朋友的关系放在第一位

（　）和朋友吵架，会主动求和，希望恢复和对方的友谊

（　）在意别人对自己的评价

（　）如果父母喜欢其他孩子，嫉妒心会表现得很明显

（　）十分在意朋友喜欢的话题以及别人说话的语气

（　）总是设身处地地为别人着想而不考虑自己

（　）怜悯身处困境的人，希望自己可以帮助他们

（　）排斥暴力镜头，悲剧故事或者残酷的新闻报道

（　）希望得到父母的爱，并为此不断努力

（　）喜欢把自己的玩具和食物与朋友一起分享

"√"的个数（　　）

**测试5**

（　）踊跃参加学校活动，并发挥主导作用

(　) 学习刻苦，希望得到长辈的宠爱和夸奖

(　) 活泼开朗，才华横溢

(　) 责任心强，分内之事都做到善始善终

(　) 有很强的求胜心，希望自己任何事情都能做到最好

(　) 喜欢一马当先

(　) 喜欢将自己最好的一面展示给别人，并且为此大费心思，甚至可能会假装

(　) 喜欢树立目标，并且能为此奋斗

(　) 对于"开心""悲伤"这样的情感表达无动于衷

(　) 喜欢把自己过失产生的错误转嫁到别人身上

(　) 即使忙得不可开交，也会表现得朝气蓬勃，充满自信

(　) 随机应变能力强，做事效率高

(　) 追求时尚，想法很现实

(　) 注重着装，出门总要精心打扮

(　) 认为只要能达到目的，说说谎话也无妨

"√"的个数（　）

## 测试6

(　) 认生，容易被外界环境左右

(　) 情感脆弱细腻，有较强的感受性

(　) 想象力丰富，喜欢创新

(　) 喜欢安静，不喜欢有规律地做事情

(　) 对故事、电影等感性的东西感兴趣

(　) 不喜欢和朋友千篇一律，希望自己与众不同

(　) 对物品十分挑剔，喜欢收集美丽的饰物

(　) 善于察言观色，乐于帮助别人

(　) 性格内向，在他人面前表现得充满活力

(　) 刻意表现得端庄大方，温文尔雅

（　）羡慕朋友们的优点
（　）如果认为父母误解了自己，就会拒绝一切表示反抗
（　）对死亡和悲剧性的事物感兴趣
（　）对批评敏感，会因为琐碎的小事伤心
（　）喜欢读名人传记，或者那些理想化的英雄和人物的故事
"√"的个数（　）

### 测试7

（　）不喜欢引人注目
（　）不喜欢集体活动
（　）不喜欢别人动自己的东西
（　）喜欢自己玩
（　）对社会准则不关心
（　）不随便丢弃东西，而是储存起来
（　）探究自己感兴趣的领域时，能够长时间地陶醉其中
（　）对理论感兴趣，喜欢搜集信息
（　）朋友不多，只喜欢与自己的好友安静交谈
（　）遇到不理解的问题，有"打破砂锅问到底"的习惯
（　）话少安静，但是别人咨询意见的时候，答案清晰明确
（　）喜欢简洁有条理的对话
（　）深沉，即使是自己很渴望的东西也不会缠着父母为自己买
（　）以倾听为主，喜欢像旁观者一样观察
（　）表情单一，很多时候别人不知道他在想什么
"√"的个数（　）

### 测试8

（　）典型的好学生，深得老师和朋友的信任
（　）做事小心翼翼，过于谨慎

（　）神经敏感，总是为一些琐事烦恼

（　）喜欢和朋友成群结队

（　）害怕自己被朋友疏远排斥

（　）对父母百依百顺

（　）富有同情心，同情弱者和有困难的人

（　）可能会在背后抱怨或嘲讽朋友

（　）胆小，容易受到惊吓

（　）经常会有无谓的担心

（　）性情多变，有时候本来有说有笑，忽然就会发脾气

（　）害怕受斥责，做事小心谨慎以防出错

（　）关心学校的事情，严格遵守各项制度和规则

（　）遵守时间和秩序

（　）优柔寡断，但是一旦下定决心就会坚持不懈

"√"的个数（　）

## 测试9

（　）乐观向上，活泼开朗

（　）对待任何事情都漫不经心，喜欢恶作剧

（　）朋友成群，喜欢和朋友在一起

（　）拿到零花钱马上就会花光

（　）在言行上看起来比同龄人要成熟

（　）有明星意识和自我陶醉的倾向

（　）喜欢用玩笑来让朋友愉快

（　）常常向长辈撒娇

（　）好动，忍受不了无聊的事情

（　）如果得不到喜欢的东西就无法忍受

（　）无论做什么都很自信，做事情速度快

（　）即使受到训斥也会很快忘记

（　）做事虎头蛇尾，缺乏毅力和耐心

（　）对新事物很快就感到腻烦

（　）好奇心强，一日多餐

"√"的个数（　）

如果测试1"√"的个数最多——领袖型孩子

如果测试2"√"的个数最多——和平型孩子

如果测试3"√"的个数最多——完美型孩子

如果测试4"√"的个数最多——助人型孩子

如果测试5"√"的个数最多——成就型孩子

如果测试6"√"的个数最多——浪漫型孩子

如果测试7"√"的个数最多——思考型孩子

如果测试8"√"的个数最多——怀疑型孩子

如果测试9"√"的个数最多——活跃型孩子

## 注重提高领袖型孩子的情商

领袖型孩子性格中最大的枷锁就是对权力的追逐和控制别人的倾向，他们喜欢领导者的位置，希望能够用自己的能力来控制局势，希望能够战胜其他强劲的竞争者。所以，从童年开始，他们的生活就充满了斗争。一旦感到自己失去了控制能力，他们就会感到厌烦和枯燥，或是感到身体里过剩的能量在不断冲击着，急需发泄。这种情况下，领袖型孩子很容易不断制造麻烦，他们经常通过与人打架、干扰别人的生活，或者是小题大做、无理取闹，来散发体内过多的能量，此时他们变得非常不受控制，在惹怒他人的同时也把自己推向了负面情绪的深渊。

## 第五章
### 确定孩子性格，发现性格优势

领袖型孩子的外在能力和行动力是不容置疑也不需要家长担心的，最需要家长关注的是他们内在个性特质的发展过程，重点培养的也是内在品质。很多领袖型的成年人因为喜欢冒险，大多有过大起大落的经历，出现这种大起大落主要是因为他们情商不高。如果他们的情商能够有所提高的话，那么领袖型孩子的发展会很顺畅。因此，领袖型孩子的家长要从小时候就着重培养他的情商，锻炼他们与别人的沟通能力、合作能力、倾听能力以及情绪的自控能力等，为他们的成长和今后的发展奠定坚实的内在根基。

要提高领袖型孩子的情商，父母可以试着这样做：

1. 教给孩子如何平息怒气。让孩子懂得和平的价值，告诉他武力有时候并不能解决任何问题。告诉他在情绪激动的时候可以选择离开让他生气的地方、深呼吸几次或者在心里默默地数数。另外孩子成功地平息怒气的时候，家长要及时夸奖他，强化他避免正面冲突的心理。

2. 让孩子自由地展现内心柔弱的一面。领袖型的孩子虽然外表强悍，但是他们却有一颗婴儿般柔弱的心，充满爱也容易受伤。但是他们认为展现这样的一面是软弱的表现，所以总是把这一面隐藏起来，只有在信任的人面前才会表现出真实的自己。所以父母在他们表现出脆弱或者亲密的时候，要有意地去迎合，并且要告诉孩子这一丝的脆弱并不会影响他的形象，相反，只有勇于表现自己情感柔弱面的才是真正的强者。另外要注意的是，这种类型的孩子只在自己信任的人面前才会表现出这样的一面，所以父母与孩子平时相处时要真诚、率直，如果父母遮遮掩掩或不遵守约定，很容易使孩子产生背叛的感觉。

3. 使孩子养成有规律的生活习惯。领袖型的孩子很难坚持做某件事情，他们为了转换心情，可能会暴饮暴食或者彻夜专注于某件事情，所以父母要引导他们养成良好的生活习惯。父母可以与孩子制定相关的生活准则，并引导他们持之以恒地遵守，不要中途放弃。因为领袖型的孩子有破坏规则的倾向，所以父母要让他们切身体会到规则的重要性。

4. 父母可以为孩子安排一些可以抑制兴奋情绪的活动。白天，尽可能地为孩子提供玩耍、奔跑的自由空间。傍晚或者临睡前，为他安排一些可以平静心情的游戏，比如沐浴、冥想或者读书等。如果到了时间孩子仍然没有睡意，可以让他继续玩一会儿，直到消除他的兴奋感。

5. 培养孩子的团队合作精神和爱心。为了培养孩子的合作精神，可以让孩子多参加一些团体活动，比如足球、篮球等，这时候他们会知道团队合作的重要性，要取得最后的胜利，不完全在于自己，而在于团队合作。平时也可以让孩子养养小动物或者植物，让他体会到照顾别人的快乐。对待领袖型孩子，父母千万不能说出"软弱是无能的表现，不能轻易相信别人"这样的话。

此外，色彩也可以帮助领袖型孩子抑制暴躁的性格，父母应该让他们多接近柔和的色调和天然色调，他的房间最好以象牙色或者米黄色系列为主色调，孩子穿的衣服也尽量不要选过于艳丽的颜色，应该多穿一些代表温和、稳重的灰色服饰。

## 注重激发和平型孩子的斗志

在父母爱的怀抱中长大的孩子大多数为和平型，他们和父母之间没有矛盾，父母也会尽量满足他的要求。而且在这样的家庭中，大多夫妻感情和睦。即使父母之间感情不和，给孩子的爱却是足够的，这样家庭中生长的孩子也会成长为和平型。这样的孩子性格随和，而且在家里没感觉过内心的纠结，所以体会不到外部的矛盾。一旦他离开家门，开始上幼儿园和小学的时候，就会经历一些外部环境的纷争，但是面对这些纷争的时候他一般会选择回避。

其实，要改变和平型孩子内心胆怯害怕冲突的缺点，应该从家庭环境开始做一些改变。和平型的孩子大多数性格内向，做事瞻前顾后，没有魄力，这时候就需要给他们一些适当的刺激和活力。爸爸妈妈应该让孩子多接触一些鲜艳的色彩，他们不喜欢灰暗的色调，就把他们放到充满阳光的屋子里。

父母也不要因为孩子是文静的乖宝宝，不出去玩也不会闹脾气就总是把他们关在屋子里。和平型的孩子需要一些能够培养他们积极心态的游戏。可以每

## 第五章
### 确定孩子性格，发现性格优势

天带着孩子去游乐场里玩耍，或者根据他们的能力让他们参加一些他们一定能完成的活动，培养他们的自信心。但是家长要注意的是，虽然要让孩子适应竞争的环境，但是不可操之过急，不要一开始就让和平型孩子参加激烈的竞争性活动，比如跆拳道等，这会让他们对户外活动产生反感。

另外，父母要利用好大自然这个天然教室。和平型的孩子天生对大自然有一种亲近感，因为大自然中没有那么多的纷纷扰扰，可以让他们心境平和，并且寻找到一种安全感。父母应该经常带着他们到郊外尽兴地游玩，释放他全部的活力。另外要注意的是，到了郊外不要频繁更换活动地点。

为了让孩子有勇气战胜困难，首先要鼓励孩子诚实地面对困难，而不是一见有困难就退缩逃避。不过值得注意的是，当和平型孩子面临困境的时候，仅仅是简单地告诉他"逃避不是解决问题的方式"或者只是一味安慰他们是起不了任何积极作用的，因为他在心里早已经为自己寻找了足够多的理由并且进行了过度的自我安慰，此时如果父母再安慰他一番，那就会让孩子以后面对困难的时候更加消极。那么父母怎样做才能更好地鼓励孩子面对困难呢？最好的方法是跟孩子一起把需要面对的问题摆上台面，并给他足够的时间来正面审视这个问题，然后和他一起找出问题的原因所在。当然，在这一过程中，家长要时刻提醒自己孩子才是主角，家长要做的是引导孩子认识到问题产生的原因，而不是一股脑把问题的根源和解决方案直接灌输给孩子。因为找出一个解决困难的办法只是这个过程的次要目的，最主要的目的是让孩子完成一次主动思考的过程，让他学会摆脱事事都让别人拿主意的惰性和依赖性。

用简单的刺激方法是很难激发和平型孩子的斗志的。比如有的家长可能会用其他孩子的例子来对比和平型孩子是多么的不思进取，但是他一定会找出一个很合理的理由来继续逃避问题。其实激起和平型孩子斗志的最好方法是给他足够的时间，鼓励他说出内心的想法和想做的事情，并真诚地表示支持，而后给孩子充裕的时间去制订整个计划。当他确定了行动计划之后，父母要向他传达"爸爸妈妈希望你能完成它"的信号，以此来鼓足他行动的勇气。并且在他的行动过程中，还要随时随地地提供鼓励，做孩子坚强有力的精神后盾。

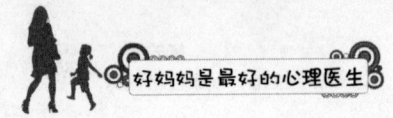

##  鼓励完美型孩子接受不完美

完美型孩子天生有着很强的自律性，所以作为他们的父母，应当扮演孩子指导者的角色，为孩子领路和疏导孩子的情绪，而不是帮孩子制定这样或那样的规矩和目标。

如果你家里有一个完美型的孩子，请给予他百分之百的信心和自主权，相信他自己就可以做得很好。但是必须要和孩子保持沟通，随时观察他的情绪变化。当孩子出现困惑时，要及时帮他理清头绪，解决困难。完美型孩子为了追求完美总是会给自己施加很大的压力，所以父母要时刻鼓励孩子放松心情，去努力接受世界的不完美。

完美型孩子在生活中要学习的重点就是放松自我，找回内心的平静。完美型孩子的父母可以带着孩子多去大自然里面走走，这有利于放松孩子紧张的神经。此外，还应该让孩子尽量减少批评别人的次数，提高他们的接受能力，让他们感受到包容的可贵。在平时的生活中，父母对待孩子的态度要积极宽容。因为即使只是犯了一个很小的错误，孩子自己也会自责不已，所以这时候父母要做的是允许他们的言行稍微散漫些，鼓励他们去做自己想做的事情。要用自己的宽容去影响孩子，让孩子不再苛求自己。

完美型孩子在成长过程中由于各种各样的原因，使他们过早成为一个"小大人"，同时给自己的内心拉了一道"警戒线"，这道警戒线把本来的"小孩"死死地挡在了内心的深处。但实际上，这个内心深处的孩子却永远不会消失，即使成年后，他们的内心深处同样还是会有个爱玩爱闹、天真无邪的孩子。完美型的孩子在成长期的时候由于强烈的责任感，使他们放弃了发现和享受乐趣的过程，这对他们来说实在是有些不公平。所以完美型孩子的家长有义务把完美型的"小大人"重新变回一个"孩子"，让他去玩、去闹，抛开那些生活中的条条框框，敞开心扉去感受快乐，这对完美型孩子的身心发展是大为有益的。

此外，让完美型孩子明白"金无足赤，人无完人"也是非常重要的。要让他们知道不完美才是人生的写照，要允许自己，也要允许他人有不完美之处。当他们的心慢慢变得开放时，轻松和平静的心情自然也就随之而来了。

那么怎样让完美型孩子去接受别人的不完美呢？首先就是要教孩子学会欣赏别人的优点。完美型孩子很小的时候就感觉自己有很多东西可以教给身边的同龄人，这时候家长要提醒孩子的是，你可以做别人的好老师，但是不要期望别人会立刻改变，否则会给别人带来太多的压力，别的小朋友都会渐渐疏远你。要学会欣赏他人的优点，肯定他人的行为，当别人做了或说了某些你所喜欢的事情时，要去称赞他们、肯定他们，这会让你更受欢迎的。

另外，完美型孩子的最大优点就是守规矩，而最大的缺点是太守规矩。他们很容易被自己心中的"条条框框"局限，进而阻碍自己发展，所以完美型孩子的家长要有意识地培养孩子做事的灵活性，尽可能多地提醒和引导他从不同的角度看待问题，鼓励他在做事的时候多想出几套不同的解决方案，并和他一起去尝试每种方案的可能性。

一旦做某件事情失败，完美型孩子马上就会陷入强烈的自我批评，所以完美型孩子的家长要重点培养孩子的抗挫折能力，教给他们正确面对困难的态度，告诉他们在每个人的生命中都会出现这样或那样的难题，当遇到困难时不必太过自责，只要能找到问题的根源，并调整自己的做事方式，就能解决眼前的困难。

## 帮助助人型孩子设定付出底线

在班里,如果有孩子向助人型孩子借转笔刀。他会非常爽快地把转笔刀给这个同学,还会热心地问道:"你铅笔够不够用?橡皮呢?要不把我的尺子和圆规也都拿去用吧!"如果这个孩子没有推脱,那么助人型孩子极有可能一股脑地把自己的文具全都递给对方;如果对方表示拒绝的话,助人型孩子会非常不满,心里会犯嘀咕:"你为什么不需要呢?"

助人型孩子非常愿意分享,他会拿着爸爸妈妈给他买的零食、玩具等与同学或者邻居家的小朋友一起玩,如果玩伴玩得很开心或是很高兴地接受了他递过来的东西的话,那么助人型孩子就会显得非常开心,手舞足蹈。如果对方表示拒绝的话,那么他就不高兴了:"这么好的东西你都不要?"

助人型孩子最懂得如何表现自己来获得他人的欢迎,但这种迎合有时就会成为他们的负担,因为他们并不是心甘情愿地牺牲自己的。可以这样说,助人型孩子是舞台上的演员,他们所展示的只是别人想看到的,而不是真正的自己。他们可以扮演不同的角色,但这些不同的角色也会让他们产生混乱。他们常常会陷入一种深深的困扰中,会看不清到底哪一个才是真正的自己。

助人型孩子很容易陷入这样一种恶性循环中:当他们不断通过付出来满足别人的需要时,他们不惜以忽略或牺牲自己的感受和需要为代价,去迎合他人,设法令更多的人喜爱自己,以此来施展自己的"爱心"。但这有时也会给别人带来被操控的压力,最终把自己和身边的人都弄得疲惫不堪。

助人型孩子最容易被自己的"好"所拖累，所以作为他们的父母，最重要的就是帮孩子卸掉"行善"的包袱，引导他们多去关注自己的真情实感和内在需要，提醒他们帮人也要有底线，永远不要为了帮助别人而让自己陷入负面的情绪，防止他们在付出与回报的权衡中迷失自我。

要避免孩子活得太累，助人型孩子的家长就要教孩子几招委婉拒绝别人的技巧，并且在传授拒绝技巧的同时，给他们讲讲为什么要拒绝以及拒绝可能带来的后果，这样就让他们产生一个心理预期，提高他们对可能产生的后果的心理承受能力。当然，父母要明确告诉孩子，有的时候，拒绝不一定表示自己"不好"，也并不会由于你的拒绝而损坏了你在他人心中的印象。总而言之，要扫清孩子的一切潜在顾虑，让他勇敢地去行动。

父母还要告诉孩子帮助别人和干涉别人的区别。助人型的孩子总是想帮助别人，但有的时候热心过度，可能会好心办坏事。他们还可能为了"帮助别人"而打断别人的谈话或者是随便乱动别人的东西，让人厌烦。因此父母一定要告诉他哪些行为是真正的助人行为，哪些行为是干涉别人的行为。

因为助人型孩子非常看重与他人的相处，喜欢时时刻刻与朋友待在一起。所以这类孩子的父母也要教会孩子享受独处的时光，让他们懂得独自一人也可以生活得有滋有味，这同样是一个人必须具备的生存能力。独处时，可以让孩子安静地审视自己的内心，整理思绪。同时也可以培养他们的自立意识，减轻孩子一味盲从朋友的倾向。父母可以给孩子规定一个"独自游戏"时间，在这段时间让孩子玩他们自己感兴趣的游戏，如果孩子这段时间过得很有意义，父母一定不要吝啬自己的夸奖。

如果助人型的孩子能够在健康的环境下成长，具备健康的心理状态，那么他们会成长为善解人意、谦虚谨慎的人，是一个值得信赖的可以全心全意帮助他人的人。

##  帮助成就型孩子正确认识成功

一位成就型人格的人曾经讲述了这样一次经历：

我刚上小学的时候，有一次跟着学校的舞蹈团做汇报演出。因为我个子太小而且跳得也不熟练，所以就被老师安排在了最后不起眼的角落里。当时我就想，我一定要站在最前排，让所有观众都能看到我。为了这个目标，我偷偷地练习了半年。当我终于被老师调到第一排，站在舞台上接受台下热烈掌声的那一刻，我激动得差点流下眼泪来，因为我终于成功了！

成就型孩子通常是活在众人的眼光和虚拟的内心世界两种环境里，他们坚信只有表现得最好才能展现自己的个人价值，而唯有获得成功才能令自己的人生更有意义。但是他们对成功的定义常常是非常简单的：那就是获得别人的关注。为了达到这一目的，他们追求时尚吸引别人的眼球，他们树立很高的目标并且为了这个目标不断努力，他们甚至不惜利用朋友间的友谊来获得别人的关注。

成就型孩子的性格惯性促使他们热衷于追求成就感。他们会朝着目标勇往直前，在过程中遇到的任何阻力和妨碍他们达成目标的人和事都会被他们一一解决掉，这当中自然也包括他们自己内心的感受，特别是负面情绪。他们解决负面情绪的办法就是自欺，最常见的一种情况就是他们为了塑造成功者的形象从来不肯承认自己的失败。如果你对一个成就型孩子说他的某种做法是失败的，他一定会运用聪明的头脑选择另外一种途径来证明他是可以达到目标的。但是这样的自欺情绪，会让成就型孩子很难面对真实的自己，让他永远活在自己的谎言中无法自拔。实际上，成就型孩子的潜意识是拒绝接受真正的自己的，与此同时他们还会把所有的精力都倾注在修饰自己的完美形象上。但是，他们并不愿承认这种修饰行为，他们会形容这只是"换一种方式而已"。不过这种行为在别人眼里，就是一种哄骗或吹嘘的感觉。显然，如果在交往中给人留下这种不好的印象，是很不利于人际关系的拓展的。

为了改变成就型孩子对于成功的错误认识，父母可以从以下几方面帮助孩子，从而让他们更好地适应社会：

1. 要教会孩子以平常心看待得失。作为成就型孩子的家长，你应该给自己的孩子一颗平常心，让他知道人不可能永远是胜利者，不能因为一次失败而气馁。成就型孩子通常无法忍受失误和失败，因为这会让他们陷入绝望中不能自拔，仿佛自身的价值在一瞬间消失殆尽。这时候，父母应该让孩子明白别人不会因为一次失败而否定他，只要他努力了，就是对自己的最好证明，同时也要告诉孩子失败也是成功的必经之路。

2. 在教育成就型孩子的过程中，应该告诉孩子过程比结果更加重要。称赞孩子的时候，不要笼统地夸奖孩子说："你是最棒的！"而是应该针对孩子的某一个具体的行为或事件告诉孩子他哪里做得出色，不要过分强调结果，要表扬他努力的过程。成就型孩子喜欢参加一些能够有胜负之分的活动，其实父母可以引导孩子去参加一些与竞争无关的纯粹帮助别人的活动，让他们理解这样没有胜负的活动也是很有意义的，在这样的活动中也可以收获快乐，比如可以让他们去参加一些社会义工活动或者和小伙伴一起去野营、排练话剧等需要合作的活动。

3. 父母要注意的是一定要端正孩子的竞争心态，让他们养成正直和公平竞争的品行。成就型孩子的内心时刻都存有一份竞争的心态，恨不得所有的事情都能与他人一较高下，有的时候为了达到目的甚至会不择手段。身为成就型孩子的家长，应该从他小时候就有意识地端正他的竞争心态，告诉他竞争的目的是锻炼自己、提高自己的能力，而不是为了获得第一而去竞争。

如果成就型的孩子能够在健康的环境下成长，他们大多能够成为能力出众，能向着目标脚踏实地努力的人，他们能够尊重别人，同时也能赢得别人的尊重。

##  引导浪漫型孩子珍惜已有事物

小凡有一双巧手。她从上中学的时候就觉得自己和别人不一样,但那个时候必须要穿校服,这令她觉得特别不舒服。后来上了大学,她就经常把买来的衣服花些心思做点小的修饰,或者加一条花边,或者配一些其他的饰物,这样就显得她的衣服是如此与众不同,自然也就令周围的女孩都艳羡不已。每当身边的朋友伙伴向她投来艳羡的目光时,她就会觉得她是与众不同的,也为此感到特别开心。

浪漫型孩子所追求的是一种与众不同的特性,并总是倾向于以此来彰显自己。他最怕的就是自己和别人没什么两样。很多时候,他会表现得比较抽离,这是因为他通过跟身边人比较,总觉得自己与众不同但很难被他人了解,同时还觉得其他人拥有很多自己没有的东西,所以浪漫型孩子在现实生活中总是很难得到满足。由于在现实生活中得不到满足,浪漫型孩子就会通过幻想构建起自己的理想世界,制造出一些无人之境,从而让自己的情绪得以发泄。因此,浪漫型孩子就会显得比较情绪化,令他人难以捉摸。

浪漫型孩子对自己与别人的差异总是特别敏感,甚至会对自己所欠缺的东西产生梦幻般的向往,总觉得得不到的才是最好的。针对浪漫型孩子这种敏感且容易自扰的性格,家长无须挑剔他的敏感、情绪化和感情用事,而是要给他更多的爱护和关心,让他感受到父母的爱与支持,最重要的是强化他这样一种观念——每个人都是完整的且被爱的。

要使浪漫型孩子的情绪保持平稳,家长需要掌握一些巧妙的"脱敏法",

用来去除孩子心中敏感的刺。最好的办法是鼓励孩子相信自己的直觉，让他们尝试各种行动，并事先帮他们扫清所有可能顾虑的事情。需要家长格外注意的是，这类孩子不开心的时候往往选择独自来处理不开心的情绪。所以家长在平时生活中要多留意孩子的情绪变化，然后再进行有的放矢的引导和帮助。

此外，浪漫型孩子总是有意无意地把注意力放在遗失的美好上，而忽视眼前已经拥有的一切。他们习惯破坏眼前的成就，去换取对那些还未得手的事物的向往。这种破坏力是惊人的，无论是多么辛苦获得的，他们也不会在意，因为他们只关注生活中缺失的东西。拥有的东西在他们眼里是毫无价值的，而他们对不属于自己的东西的渴求常常会陷入不能自拔的地步，这会使他们的情绪受到干扰，也影响了行动力的发挥。因此，浪漫型孩子很可能会被自己的不知足给害了。

浪漫型孩子的不知足并不是因为他们想要的东西太多，而是他们天生的性格倾向所致。他们习惯凡事都与他人做比较，而结果往往是发觉他人所拥有的比自己好、比自己多，所以常常产生一种被遗弃的悲观心态。当家长了解孩子的这种心理机制之后，可以引导他多去看看自己拥有的东西，用一种感恩的心态来看待身边的事物，这样可以有效避免孩子产生不良的情绪。

此外，父母还要引导孩子在人际交往中感受他人的爱。浪漫型孩子虽然会给人以清高的印象，但是在一对一的情况下，也能表现得可亲可爱。因为他们不喜欢很多人的聚会，所以在学校里会显得很不合群。但是在个人对个人的交往中，他们就不会感到孤单，父母可以邀请几个孩子合得来的小朋友到家做客，为孩子创造交友的机会。

##  鼓励思考型孩子要及时行动

诺诺从小就喜欢自娱自乐，读书的时候更是全神贯注。如果有人在他身边让他别玩了，他总是很不耐烦，皱着眉头，一脸气愤的样子。他学习还不错，思维能力强，总是对一些奇奇怪怪的事情感兴趣，最近就迷上了宇宙和不明飞行物。他平时一言不发，但是一旦提到他喜欢的话题，他总是两眼放光，说起来滔滔不绝。

不过，诺诺是个标准的"行动的矮子"。上一次，老师让他给同学们讲一讲宇宙的事情，他在家准备了好长时间，收集了很多资料，但是在最后一刻，还是跟老师说自己还有很多问题没有准备好，不希望同学们问这个他不知道，问那个他也不知道，他还需要继续准备。最后这件事也就不了了之了。

思考型孩子给人的印象就是冷漠和被动，他们能够对外部世界长时间保持不干涉、不参与、不涉及的状态。即使他们觉得这样不妥，也很享受这种一个人独自思考、独自工作的状态。他能够把自己完全投入内心世界里去思考，但是几乎不会与别人讨论。他们热衷思考，性格冷静，很少出现思想混乱、情绪激动的状况。

另外，思考型孩子对于知识的探索和需求是永远得不到满足的，当别的孩子在玩游戏或者做其他休闲活动时，他一定是坐在自己的书桌前如饥似渴地看着书，皱着眉头研究他感兴趣的东西。在他们心里，做出一番成就和实现自我价值的唯一途径就是通过成为某个方面的专家。

因为思考型的孩子非常看重自己的私生活，喜欢独处和沉浸在自己的小世界里面研究问题，不喜欢受到他人的干扰，所以父母应该理解孩子，给他们独处的时间和空间，让他们能够安心地思考问题。同时，思考型的孩子神经敏感，讨厌噪声，所以家长也要尽可能给孩子创造一个安静的环境。房间的装饰最好不要采用大面积的能给人带来强烈刺激的色彩，也不要用色太多，要尽量使用一些让人冷静的淡雅色彩或者是驼色。

无论做任何事情，思考型孩子都喜欢在大脑中进行一番严密的思考，这可以从他们的口头用语中表现出来。所以，父母永远不要催促孩子做决定，而是要给他们足够宽松的时间和独处的空间，让他们进行思考和衡量后再引导他们说出自己的想法。同时要注意的是，即使他们的想法有缺陷或者还不够完善，也要在肯定的前提下再进行下一步引导，而不能直接否定孩子的想法，并且把自己的想法强加给他。思考型的孩子容易形成心理负担，在大多数时候不愿意说出自己的想法，因为他们害怕遭到批评，所以父母要鼓励孩子说出自己的想法，在鼓励他们的时候，首先要卸下他们的心理负担，可以这样对孩子说："在什么情况下我们都理解你。"这样会让孩子更容易接受父母的帮助。

思考型的孩子大多数不能及时采取行动，并且不喜欢直接参加实践活动，父母应该通过旅行或者野营带着孩子去了解书本上的知识和直接体验是有区别的，有些事情不去体验就永远无法得知其中的奥秘，让他们充分理解参加活动或者采取行动对于自己的知识是大有裨益的。比如当孩子对海洋感兴趣的时候，可以带孩子到海边去感受一下海水和沙滩；当孩子对树木感兴趣的时候，可以带他到植物园去触摸真正的植物，让他对自己的知识有了拓展而感到高兴。

此外，父母要引导孩子在准备好的时候及时行动。可以帮助孩子成立一个兴趣小组，这不仅可以帮助孩子提高人际交往能力，而且可以在小范围的活动中逐渐提高孩子行动的能力。比如当小组需要他发言的时候，他可以在自己信任的人面前毫无顾忌地说出自己的观点。而当孩子能够及时行动的时候，父母一定要给予孩子鼓励和赞美。

##  让怀疑型孩子学会相信他人

怀疑型的孩子总是缺乏安全感,所以他们总是渴望得到强有力的保护,因此他们常常遵从周围大多数人的意见,忠于职守,总是努力和其他人友好相处以确保自身的安全,希望以此来得到别人的信任,得到别人的保护。对于他们来说,家人和朋友是十分珍贵的,他们喜欢和自己信任的人在一起,共同面对"竞争对手"。

不过又因为他们对周围的一切总是抱着一个怀疑的态度,所以常常会在心里质疑他所看到的或者听到的事情。如果他们一旦发现保护者的言行自己无法理解,他们马上就会出现排斥和反抗。

怀疑型的孩子有两种性格,其中,反抗型的孩子固执、叛逆,喜欢对别人冷嘲热讽,总是对比自己强大的人抱有敌意,时常对他们的权威提出疑问和反抗。这样的孩子其实是想用自己的积极进攻改变自己的被动地位,同样也是为了摆脱恐惧感,获得安全感。

而逃避型的孩子并不是一味逃避没有其他的想法,当看到别人违反纪律的时候,他们的内心就会产生怀疑:"为什么只有我遵守这些规矩呢?"如果这种想法没有得到及时疏解,那么他们随后会出现两种情况,一种是内心不安,继续逃避;另外一种就是产生颠覆一切的冲动,所作所为让人大跌眼镜。那些平时看起来很温和的怀疑型孩子,当压抑许久的愤怒爆发时,往往会让所有人害怕。有研究表明,历史上很多反抗君主暴政的起义领袖都是怀疑型的人。

有时保守沉默,有时又冲动莽撞,并且这两种行为方式会突然发生转换,总是让人感觉很紧张,你永远不知道这些怀疑型的孩子下一步到底想要怎么样。所以父母要帮助孩子学会冷静,学会客观地分析事情。

## 第五章
### 确定孩子性格，发现性格优势

要想让孩子保持冷静，最重要的就是要让孩子感觉到无所不在的安全感，只有这样他才能情绪稳定，不会过度顺从或者过度反抗。父母要给孩子创造一个充满安全感、氛围舒心的家。这类型的孩子总是提心吊胆地生活，他们害怕自己吃的饭不是绿色健康的，他们担心自己出门的时候会遇到抢劫，他们害怕会发生地震。所以父母要时刻关注孩子的心理状况，一旦孩子出现惶恐不安的表情，一定要温柔耐心地询问孩子出了什么情况，然后抱抱他，告诉他不管什么情况下爸爸妈妈都会保护他，不会抛下他，让他的心情恢复平静。

怀疑型的孩子精力充沛，但是总是会把精力放在担心未来的事情上，所以父母不要让他无所事事，要给他安排一些有趣的事情做，用这些事情来转移他的注意力。

此外，怀疑型孩子似乎总是和每个人之间都保持着距离，他们和家长并不是特别的亲密。如果仔细观察他们的交往情况，你也会发现虽然他们看起来有很多的朋友，并且也表现出一副融入其中的样子，但是实际上并没有几个能够真的让他们放开戒备完全展现自己的人。

怀疑型孩子的家长要告诉他们："事实上你对别人的不满只是表明了你对别人的态度，可是别人对你可能不是这样看的，事实上，并不会有人想要刻意伤害你。在你的生活中肯定有那么几个人，他们总是无微不至地关心你而且值得信任，你可以随时找到他们诉说自己的痛苦，寻求心理安慰。"要时时刻刻向孩子传达这样的观念，如果依然没有发现孩子身边有他信任的朋友，就要鼓励他主动去与人交往。另外，家长要注意的是还要给孩子打好被人拒绝的预防针，让孩子在心里明白即使被人拒绝也是很正常的，这并不值得焦虑和恐惧。

虽然怀疑型孩子不太容易与人建立亲密关系，但是他们一旦认定了一些朋友，绝对会是忠诚可靠的好伙伴。怀疑型孩子看似很淡然，不会总是对别人甜言蜜语、嘘寒问暖，但是只要别人有需要，他们绝对是第一个伸出援手的，所以他们更有可能收获长久的友谊。因此，怀疑型孩子的家长只需引导孩子学会敞开心扉交朋友，而不必担心孩子没有知己，因为这类孩子的关系网通常是属于不烦琐但很坚实的那一类，也就是说，虽然他们跟人的关系很难建立，不过建立之后通常会比较稳定而持久。

##  引导活跃型孩子学会承担

一位活跃型的成人这样回忆自己的童年：

我从小就很聪明，鬼点子特别多，还特别擅长搞恶作剧。每当看到我周围的人因为我的某些行为笑得前仰后合的时候，我总是产生一种特别的满足感和成就感。我的精力特别旺盛，有好多感兴趣的东西，而且我从小就会自娱自乐，流行的游戏和活动几乎没有我不会的。我觉得人生就是用来追求快乐的，活着的目的就是体验无休止的快乐。

这就是活跃型孩子的典型心理。他们总是希望过一种享乐的生活，把人间所有不美好的事物化为乌有。他们喜欢纵情于娱乐，喜欢物质生活，喜欢享受，喜欢探索新事物，不爱受别人管束，不喜欢遵守规矩，总是希望生活中充满了刺激、冒险和各种各样的选择。他们总是马不停蹄地出发去寻找通往快乐的捷径。

活跃型孩子的脑子里想的都是一些积极的和对未来的美好幻想，而且时常沉醉于这种快乐的气氛里。但是因为孩子的年龄很小，心智发育不成熟，所以他们的计划里总是充满了不切实际和没有可行性的计划。不过，他们是很难通过自己的理性思考认识到这一点的。他们永远有无数的计划，而且灵活多变，但是真正实现的却没有几个。这种思维惯性很容易让他们陷入一种不务实的态度中去。不过活跃型孩子的胆子其实很小，只要是经历过伤害的事情他们就绝对不会再尝试第二次。对于痛苦和规范，他们常采取一种逃避的方式。

为了逃避痛苦，活跃型孩子总是用快乐把自己的生活填得满满的，不留一点喘息的时间，所以他们很容易陷入一种疲于奔命的怪圈。又因为他们太执着于享乐，所以轻则轻佻浮夸、没有责任心和专注力，严重时就会发展成一个贪图享乐、沉溺于幻想的没有上进心的人。而长期在内心的痛苦，也极有可能大量累积后突然爆发，导致某些身体疾病。

所以，家长为了提升孩子的幸福感，就一定要让孩子明白人生中既有欢乐也有痛苦，我们不仅要学会享受快乐，也要学会承担痛苦。如果想要活跃性的孩子拥有健康的身心，最重要的就是要陪在他们身边，与他们一起体验生活中各种不同的感受。要让孩子知道，困难、痛苦和悲伤并没有想象中那么可怕，这些感受和快乐一样都是生活的一部分，而且正是有了痛苦等负面的感受，才会让快乐显得非常珍贵和值得珍惜。虽然所有的家长都希望自己的孩子拥有一个快乐的童年，但是对于活跃型孩子来说，让他们适当地去感受一下令人难过的场面，对他们的健康成长是大有帮助的。

另外，父母要培养孩子的责任感，告诉他们不能一遇到困难就逃跑，把失败的痛苦全都留给别人，要让孩子学会为自己的行为负责。活跃型的孩子喜欢新鲜事物，有着很多看似完美的计划，而且他们喜欢拉上朋友一起参与。但是一遇到困难或者自己失去了兴致，就会把事情扔给朋友。父母应该时刻提醒孩子，这种没有责任感的行为会给朋友带来麻烦。

活跃型孩子的父母应该成为孩子的调控者。当他们精神涣散、三心二意或是难以坚持的时候，要帮他们踩稳油门，帮助他们脚踏实地地坚持把一件事情完成；当他们一时兴起、冲动莽撞或者过度活跃的时候，要及时帮他们踩住刹车，控制他们的速度，避免他们横冲直撞，留下隐患。

如果活跃型孩子能够得到父母很好的引导，他们会表现出生气勃勃的优点，懂得珍惜快乐和幸福，但是如果家庭不能很好地塑造孩子先天的性格，活跃型孩子就有可能成长为回避困难、不知满足、耽于享乐的人。

# 第六章
## 帮助孩子安然度过叛逆期

孩子的反抗其实是长大的体现

自我意识觉醒的"第一抗逆期"

孩子"第二抗逆期",妈妈勇敢放手

帮助孩子平稳度过抗逆期

人生中的两大"水泥期"

利用"水泥期"塑造好性格

青春期萌动,重在疏导

给孩子一个宣泄的空间

##  孩子的反抗其实是长大的体现

妈妈带着刚满3岁的女儿丫丫和丫丫的表哥去踏青，路上，妈妈说："丫丫，让哥哥拉着你的手走，这样不会摔倒。"丫丫想都没想就很坚决地吐出了一个字："不！"妈妈听了，就继续劝她说："哥哥拉着你会很安全的！"丫丫还是倔强地说："就不！我就不！"于是妈妈就让丫丫表哥主动去牵丫丫的手，这下可把丫丫气坏了，竟然大哭起来，不仅把哥哥的手甩开了，还一屁股坐在地上不走了……丫丫妈妈真是奇怪极了："女儿最近怎么总是这样反常呢？这么倔强，情绪也很暴躁，以前那个温顺可爱的女儿去哪里了呢？"

2岁多的升升最近也特别"反常"。有一次，他在客厅的地板上爬来爬去，妈妈温和地说："升升，别爬了，把衣服都弄脏了，站起来走路吧！"升升立即回答："不！我就不！我就要爬！"一边说，一边继续爬，一点要停下来的意思都没有。晚上吃饭的时候，妈妈把小碗摆在他的面前说："升升，来，吃饭喽！"升升皱了皱眉头，还是那句话："不！我就不！我不吃饭！"

开始，妈妈还有点耐心，轻轻地问："为什么不吃呀？"升升也不说原因，就是一个劲儿地重复着："就不吃！"妈妈有点着急了，生气地问他："你到底吃不吃饭？"升升还是不服气："不吃不吃！"妈妈更生气了，举起巴掌就朝升升的屁股拍了几下……

正常情况下，一周岁左右的孩子就已经可以步行甚至小跑，他们发现自己即使没有妈妈的帮助，也可以去自己想去的地方。与此同时，孩子也开始对各种新鲜事物产生兴趣，思维也逐渐形成，并且开始试着表达自己的意见。

当孩子两岁左右的时候，运动能力、思维方式以及语言能力的发展让孩子学会表达自己的想法和主张。这时候的孩子，任何事情都希望亲自去做，很讨厌大人的帮助，比如洗脸的时候会拨开妈妈的手；还不会用筷子，却偏偏要自己拿筷子吃饭，如果帮他纠正拿筷子的方法，他还显得很不耐烦，会大发脾气。

妈妈总是突然发现原本乖巧可爱的孩子怎么好像变了一个人一样，无论妈妈要求他做什么，他都是一样地回答"不"。很多妈妈为此烦恼不已，还有可能会对孩子大打出手。

其实当孩子说出"不"的瞬间，妈妈就应该意识到自己的孩子长大了！他说出"不"说明他正在形成自我意识，从此开始逐渐独立，不再任何事情都依靠妈妈了。"不"可以说是孩子向妈妈发出的独立宣言。

面对孩子的独立，妈妈应该高兴并且支持孩子的尝试。当孩子开始说"不"并且一切都要自己去尝试的时候，妈妈一定不要批评孩子的失误，更不能对孩子的失误冷嘲热讽。比如当孩子拨开妈妈的手一定要自己吃饭，最后却打翻了饭碗时，妈妈千万不能说："非要自己吃，打翻了吧？"这是对孩子独立要求的否定，会延缓孩子自我意识的形成。如果妈妈不顾孩子的想法，总是用命令的态度来对待孩子，这会让孩子感到耻辱，还会磨灭他想独立完成某一事情的意识，最后的结果只能是父母自己吃苦头。因为如果孩子小时候不能表达自己的主见，到了容易产生困惑的青春期甚至成年后，他可能会因为情绪不能自控而出现更大的问题。

当孩子自我意识形成的时候，他很可能会提出很多无理的要求，这个时候妈妈要怎么办呢？难道就听之任之？当然不是，这就需要妈妈开动脑筋去引导孩子形成好习惯了。比如，当孩子自己不会穿衣服的时候，给他穿上后他又偏偏哭着要脱下来坚持自己穿的时候，妈妈不要训斥孩子是在制造麻烦，而要表扬他能够自己试着做事情；妈妈也可以不跟孩子说自己的目的，只把孩子放在特定的环境里。比如孩子应该睡觉的时候，妈妈可以直接把孩子抱到床上，这

样就可以减少被孩子拒绝的机会。如果孩子仍然大喊"我不睡觉",妈妈可以说:"不是让你睡觉,你可以在床上玩一会儿。"

其实父母如果意识到孩子的反抗是长大的体现,每天都为孩子的成长而感到高兴,这样不论抚养的过程多么困难,父母也不会感到累,反而会体验到看着孩子成长的乐趣。

 ## 自我意识觉醒的"第一抗逆期"

许多年轻的父母都有这种体会:孩子到了两三岁就开始不听话,经常和父母顶嘴,事事都喜欢与家长对着干。当发现孩子出现了这样的问题,首先不要生气,而是要思考一下孩子是不是进入了抗逆期。在3岁左右,几乎所有的孩子都会出现持续半年至一年的"抗逆期",这个阶段是儿童心理发展的一个必经阶段,心理学上称为"第一抗逆期"。这一时期孩子最突出的表现是:心理发展出现独立的萌芽,自我意识开始发展,好奇心强,有了自主的愿望,喜欢自己的事情自己做,不希望别人来干涉自己的行动,一旦遭到父母的反对和制止,就容易产生说反话、顶嘴的现象。

当孩子甩开你的手说"不要妈妈,我自己来"的时候,这就表示孩子已经开始拥有了自己的意识,他知道自己具有影响周围的人和环境的力量。孩子这种意识的萌发是孩子心理发展的一次飞跃。而父母之所以产生孩子变得不听话的心理感受是因为习惯了孩子事事都听自己摆布,一旦孩子开始说"不要"、"我要自己来"的时候,父母就觉得产生了心理落差,有些失落,所以会觉得孩子变得不乖了,但是这是孩子心理迅速成长的表现,也是他独立性和自信心发展的大好时机。

此时,两三岁儿童在动作能力方面已经有了较大的发展。他们身体活动能力已经较强,日常生活中的很多事情都可以自己做。因此,他们就渴望扩大独

## 第六章
### 帮助孩子安然度过叛逆期

立活动范围，不断尝试去独立完成新的事情。他们的"不"宣告了他们要开始用自己的行为探索世界，并且希望爸爸妈妈能够认同自己的这种想法并对自己的探索行为表示支持而不是限制或者干涉。如果父母进行干涉，一定会引起孩子强烈的反抗。

另外，此时孩子的自我意识也得到了发展。原本孩子还不能区分自己的意愿和别人的意愿。现在，他们已经能够清楚地知道哪些事情是让"我"做的，哪些事情是"我"想做的。因此，他们就想顽强地表现自己的意志。但是这种表现往往与成人的规范相抵触，于是孩子就会产生挫折感，从而导致反抗行为。

当然，此时的孩子因为年龄还小，所以他们无法正确地判断是否安全，而父母在看到他们有不安全行为的时候，一定会阻止孩子。为了让自己的探索行为顺利进行，孩子就会用哭闹、撒娇来表示自己的不满并且请求父母让自己继续进行下去。

很多家长都非常讨厌孩子这种"蛮不讲理"的行为，认为自己一片好心不想让他遇到危险，结果却引起了孩子与自己激烈作对的无理行为。其实这时候父母不要急着去谴责孩子的无理，而是应该站在孩子的角度想一想。孩子年纪很小，当然没有很强的情绪控制能力，而此时他们的心智也没有发育成熟，所以他们一旦有不满，就直截了当地表现出来。大人不要以为这是孩子故意在和自己作对。

其实，反抗并不总是一件坏事。

曾经有专家做过这样的研究：将2～5岁的孩子分成两组，一组反抗性较强，一组反抗性较弱。研究结果发现，反抗性较强的孩子中，80%长大以后独立判断能力较强；反抗性较弱的孩子中，只有24%长大以后能够自我行事，但是独立判断事情的能力仍比较弱，常常依赖他人。

所以，反抗行为有时候是孩子有独立自主的想法的表现，这是孩子发展判断力的大好时机，值得父母重视。知道了这一点，父母完全可以试着冲破传统观念的束缚，尝试着去鼓励孩子的想法，你要想到孩子的反抗只是他表达自己的方式，如果孩子的要求合情合理，父母完全应该去满足孩子的要求。

## 孩子"第二抗逆期",妈妈勇敢放手

皓皓在家里一直是个非常听话的好孩子,爸爸妈妈让他做什么,他就去做什么,从来不会惹爸爸妈妈生气。可是自从皓皓上了初中之后,情况就发生了改变。有一天皓皓放学回到家里,妈妈都已经把饭做好了,正在等他回来吃饭。看见皓皓回来,妈妈就说:"皓皓,你去把爷爷奶奶叫来,该吃饭了。"可是皓皓却说:"不,我不去。"妈妈听了这话就说了他几句,可他竟然跟妈妈吵了起来,还顶嘴。妈妈不禁想:皓皓一直是个好孩子呀,怎么上了初中就变坏了呢?

心理学研究发现,孩子2~5岁和12~15岁会有两次特殊的心理发育时期,这两个时期他们都表现出叛逆的特点。如果你的孩子在这两个时期没有表现出特别叛逆的现象,妈妈反而要思考孩子在成长中是不是出现了什么问题。而孩子12~15岁这一年龄段正处于"第二抗逆期"。由于孩子之间的发展不平衡,所以这个抗逆期可能出现在小学高年级,也可能延迟到高中初期。这个时期的孩子处于生理和心理发展急剧变化的时期,他们对父母的管教深为反感,甚至会在行为上发生反抗。有的学者也把这段时期称为"心理断乳期",国外有的心理学家则把它称作"为从父母的束缚中解放出来而战斗"的时期,或叫"心理烦恼期"。可见,孩子在这一时期的心理问题比较多,比较复杂。

第二抗逆期产生的主要原因是孩子对自己的发展认识超前,而父母对他们的发展认识滞后。简而言之就是孩子认为自己已经长大了,而父母认为孩子还小。所以这个时期的孩子会觉得父母非常不理解自己,认为父母很主观,很自以为是，根本不关注他们的感受。这一时期他们的交往也逐渐地从与成人的纵向交往转向横向的同龄人交往。

那么孩子为什么会产生自我认识超前的现象呢？首先是孩子的身体在这一时间段加速成熟，使他们产生了"成人感"——自以为已经成熟。但是事实是，虽然他们的身体日益接近成人，但是他们在知识、经验、能力方面并没有成熟。这就造成了成人感与半成人现状之间的矛盾，这种矛盾是造成抗逆期的主要原因。

在心理方面，他们的自我意识飞速发展，因此他们要求在精神生活方面摆脱成人，以独立人格出现。

他们所处的社会环境也会对他们的思维意识产生影响。进入中学以后，学校环境和教学的要求都发生很大的变化，这种更高的要求，就势必激励他们产生"长大成人"的责任感。而且，他们在这时候非常在意自己在同龄人中的地位，希望得到别人的尊重和接纳，他们为此要争取独立自主的人格。当自主性被忽视或受到阻碍，人格发展受阻时，就会引起反抗。

面对孩子的种种反抗行为，妈妈要做的是学会勇敢放手。因为这个时期的孩子喜欢反抗父母，有的时候甚至会为毫无道理的事情为难父母。这时候父母要学会从束缚中解放孩子，让他们为自己的反抗负责任。比如有时候孩子可能会非常生气地冲你大吼，说："你为什么总是要叫我起床？我都这么大了，起床的事情不用你管！"这时候妈妈要做的不是冲着孩子大吼大叫，或者泪水涟涟地控诉孩子不知好歹，而是安静地走开，第二天不要叫他起床。经过迟到的教训之后，他自然会自己对自己负责。其实这是一个让孩子成长的大好机会。

虽然孩子有了独立的意识，但是因为孩子的经验不足，所以很多事情还是需要父母从旁保驾护航的。但是父母不要生硬地提出自己的观点，而是要用旁敲侧击的方式去引导孩子，否则只会引起孩子更严重的反抗。

其实，如果父母处理得当，随着孩子的逐渐成长和理解能力的逐渐增强，他们的反抗心理会逐渐消失。

## 帮助孩子平稳度过抗逆期

对于处于不同抗逆期的孩子，家长需要用不同的技巧来帮助帮助孩子。

具体来说，在第一抗逆期的时候，家长在教育孩子的过程中需要注意以下几点：

1. 首先要给孩子树立好脾气的榜样。孩子的模仿能力是很强的，而他们最常模仿的就是自己的父母。如果父母的脾气都很大，常常遇到一点小事就大发雷霆，动不动就气得脸红脖子粗，这样不能控制自己脾气的父母往往也带不出能够很好控制情绪的孩子，因为父母是孩子最好的榜样，父母对待事情的态度往往会被孩子照搬到自己身上，这也是为什么很多人都说"孩子是父母的镜子"的原因。

2. 父母的教育要一致。每个家庭中都应该建立固定的习惯和秩序，父母在孩子的教育问题上一定要保持一致。对待孩子的同一种行为，千万不要爸爸是这种处理方法，而妈妈采取的则是截然相反的方法，这样会让孩子在生活中变得无所适从。即使父母有不一样的教育理念，也一定要避开孩子，私下讨论，达成统一，绝对不要在孩子面前争论谁的教育方法更先进、更有效。

3. 父母要理解孩子，多站在孩子的角度去思考。父母要在情感上多多与孩子进行耐心、真诚的交流。在交流的过程中要注意孩子的情绪。当孩子出现抗逆行为时，父母不要怒气冲天，而是应该先平静下来站在孩子的角度去理解一下他的感受和想法，然后跟孩子确定自己的理解正确与否，如果正确，再对孩子的行为进行引导。家长最好养成与孩子谈心的习惯，时时关注孩子的思想状况和动态。

4. 给孩子提供展现自我的机会。处于第一抗逆期的孩子有了较强的独立意识，此时家长应该鼓励孩子自己动手做一些力所能及的事情，并且要尊重孩子的劳动成果。即使孩子第一次做得不好，也不要当着孩子的面帮助他重做，因为这样只会打消他自己动手的积极性。

5. 对孩子的脾气不能一味忍让。虽然此时孩子发脾气情有可原，但是如果对孩子这种行为一味退让的话，时间长了，孩子就会把反抗作为一种手段来试图控制父母并达到自己的目的，这无形中反而会促进孩子养成常发脾气的坏习惯。

孩子的"第二抗逆期"又被称为"危险期"，这是说12～15岁这一年龄段的孩子对父母的管教极为反感，甚至会在行为上产生对抗。对这个时期孩子的教育，父母要注意以下几点：

第一，把"他律"变成"自律"。好孩子不一定是听话的孩子。当孩子不听话的时候，家长可以和孩子进行交谈，把自己的约束潜移默化为孩子内心的自我要求，变成"自律"，这样孩子的反抗意识就会得到缓解，同时这也有助于孩子的独立发展。

第二，不要压抑孩子，也不要放纵孩子。压抑孩子的反抗并没有多大作用，反而可能会引起孩子更大的心理反抗。"哪里有压迫，哪里就有反抗"，这个道理在家庭教育中也是适用的。当然，对孩子也不能过度放纵，当孩子出现严重的原则性问题的时候，父母一定要进行教导，不能任由孩子发展下去。

如果孩子能够顺利地度过这两个时期，那么他们的心理健康、智力发展以及意志力、创造力都会得到很大的发展，所以父母一定要重视这两个抗逆期孩子的教育，一定不要在这两个时期让孩子误入歧途。

##  人生中的两大"水泥期"

燕燕原本是个活泼可爱的小姑娘,可是今年妈妈忽然发现了一件奇怪的事情,刚满5岁的燕燕变得不爱说话了。以前燕燕在楼下见到邻居家的叔叔阿姨、爷爷奶奶总会甜甜地打声招呼,但是最近她遇到这些邻居的时候,总是先偷偷地瞄上几眼,然后羞涩地垂下眼帘,最后躲在妈妈身后拉着妈妈的衣角不敢出来。妈妈问她为什么不跟别人打招呼,她自己也说不出来,就是觉得不好意思。而和小朋友在一起玩的时候,也不像以前那样喜欢和其他人围在一起叽叽喳喳,反而更喜欢自己一个人默默地在一旁玩耍。

刚刚今年12岁,是个让妈妈很伤脑筋的孩子。刚刚现在是读小学六年级,正面临着小学升初中的考试。可是不知道为什么,原本爱学习的他在面临这么重大的考试的时候开始贪玩,每天都和同学们玩够了才回家。妈妈为此批评了他好几次,他不仅不听,还大发雷霆,冲进房间后,"砰"的一声把门摔上,饭也不肯出来吃。

妈妈总是很奇怪地发现自己的孩子不知道从什么时候起变得害羞、内向,不善于与别人交往,也不知道孩子是从什么时候开始了发脾气和耍小性子,甚至变得自私和喜欢用暴力解决问题。这些问题通常会一下子出现在妈妈面前,让妈妈措手不及,不知如何应对。其实,孩子的情绪不是一天两天之内忽然形成的,孩子的性格也有一个累积的过程。

当孩子第一次说出"不"的时候,那就是孩子的自我意识萌芽的时候,从那之后，孩子就开始了性格塑造的过程，他们开始试着用自己的方式表达喜爱和讨厌，随着时间的流逝，孩子的性格和情商会逐渐定型，成为孩子特有的标志。

不过，孩子不可能一生都处在性格的形成阶段。在孩子的性格形成过程中，有两个时期是非常重要的，在这两个时期，孩子会迅速完成心理的发育。这两个时期又被称为"水泥期"，水泥期是孩子情商和性格形成、发展的关键时期，通常出现孩子3～12岁之间。它通常又被划分为两个时期：一个被称为"潮湿的水泥期"，这是3～6岁的孩子形成自己性格的关键时期，也是孩子性格塑造最关键的时期。在这一时期，孩子80%～90%的性格、理想生活方式都在逐渐形成。比如孩子的自我欣赏与接纳以及表达自己的勇气等都是在这一时期形成的。另一个时期被称为"正在凝固的水泥期"，此时孩子大多在7～12岁。这时候，孩子85%～90%的性格都已经形成，而且这时候孩子的学业压力日益增加，各种学习和生活习惯也正在形成，此时需要重点培养的是孩子的决策能力以及压力处理和解决冲突的能力。此时家长还会发现孩子产生了更强的独立欲望，不仅在行为上想要挣脱父母的管束，而且在思想上也开始对父母产生了怀疑，不再把父母的话当作生活中唯一的标准。

之所以把这两个时期称为"水泥期"，是因为孩子的性格此时并没有固定，如果父母能够很好地接受孩子发出的"心理信号"，引导孩子形成健康的心理，那么孩子就会养成好性格、高情商，而这一切会让孩子一生受益无穷；如果父母没有抓住孩子的"心理信号"，在孩子出现行为偏差的时候没有及时阻止，对孩子的性格发展听之任之，那么孩子就会形成不受社会欢迎的性格，甚至可能会形成对社会稳定存在威胁的性格特征。

##  利用"水泥期"塑造好性格

孩子3~6岁的阶段被称为"潮湿的水泥期",这个时期是孩子性格塑造最重要的阶段。人们常说:"3岁看大,7岁看老。"人的很多性情在很小的时候就初见端倪了。对于处于"潮湿的水泥期"的孩子,家长和外界的环境对他的影响十分重要,此时对孩子进行方向性的指导帮助是必需的。不要以为孩子好的心理特征会自己形成,如果没有家长的关注和培养,孩子很有可能在某一点或者某些方面上产生欠缺。所以在这个时期爸爸妈妈想把孩子打造成什么样子,孩子就会变成什么样子。3岁以后孩子的性格言行预示着他们成年后的个性。所以,父母如果希望自己的孩子成为一个快乐、自信、受欢迎的人,那么身上担负的引导责任是很重大的。

具体来说,父母在这个时期首先要学会平静看待孩子的怪脾气。因为家长对孩子的脾气产生过激的反应的话,会让孩子的这种情绪爆发得更加频繁。所以,父母首先要让自己有一个平静的心态,了解孩子有这样的情绪是正常的情况,在这种了解的基础上再去平静地处理孩子遇到的问题。父母还要教会孩子如何控制自己的坏脾气以及如何发泄负面的情绪。虽然人人都会生气、伤心、沮丧和失望,但是,情绪管理能力强的人,会用健康的方式表达出情绪。父母要向孩子灌输这样的概念,在地上打滚、摔东西、踢打都是坏情绪的表达方式,但却是不健康的。那么孩子要怎样发泄自己的坏情绪呢?可以给孩子设置一个"安全发泄岛"或者"情绪垃圾箱",让孩子在这里用健康的方式把坏情绪发泄出来,比如运动以及把不开心的事情画下来或者写下来投入"情绪垃圾箱"。总之,父母要在这一时期教孩子用健康的方式表达自己的想法。

# 第六章
## 帮助孩子安然度过叛逆期

很多孩子在水泥期都会出现变得害羞的情况，他们在家的时候手舞足蹈、能唱能跳，可是一旦出了门或者家里来了其他的客人，孩子就马上像变了个人一样，立刻安安静静地不肯说话。大多数家长可能都遇到过这样的尴尬情况，无论父母怎样苦口婆心，孩子就是不肯跟长辈打招呼；如果有些叔叔阿姨想要逗一下，孩子更是立刻把身上的刺都竖起来时刻防备着。

在这个时期，父母的一项重要任务就是要教会孩子如何接触陌生人。害羞的孩子并不是时时刻刻都害羞，他们的害羞大都只表现在陌生环境中或陌生人面前。虽然任何气质的孩子都可以成才，但是过于害羞对于孩子并不是一件好事，他们很容易对陌生环境和事物感到紧张或恐惧，适应环境变化的能力很弱，而且由于他们不喜欢在公众面前说话，所以在幼儿园也很少得到其他同学的关注。在这样一个竞争激烈的年代，害羞的孩子可能会产生自卑心理，对自我形象产生严重怀疑。在这时候，父母首先要帮助孩子正确地认识自我，告诉孩子他并不是那么"与众不同"，而只是自己适应环境的能力稍微弱一些。另外还要教给孩子一些在公众面前表现的具体方法和技巧，但是这些方法不能泛泛而谈，而是要具体到解决每一个困境的方式。

孩子在这一时期并不懂得什么是真正的友谊，"好朋友"也仅仅是建立在共享玩具、零食等物品上的，但是我们不可否认的是，有些孩子似乎天生是交朋友的能手，无论和谁在一起玩都很融洽。而在这样的孩子身上，有这样一些共同的特质：喜欢分享、有爱心、乐于助人、遵守规则。还有一些孩子不管在哪里都是"另类人物"，他们总是激怒别的孩子，破坏别人的游戏。如果你在自己孩子身上发现了这样的问题，那么就要对孩子进行教育了。要逐渐引导他们摆脱以自我为中心的心态，遵守游戏规则。有些害羞的孩子也存在不合群的问题，对这样的孩子，父母要多多鼓励他们参加集体活动。

专家们提醒父母，3～6岁是培养孩子如何接触陌生人、控制情绪以及结交新朋友的关键时期。控制情绪的能力、良好的人际关系、社会交往技巧都是可以通过训练形成的，父母一定要抓住塑造孩子性格最好的时期进行情商培养，等到孩子的性格定型之后再想改变就非常困难了。

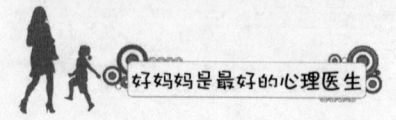

## 青春期萌动，重在疏导

长期以来，妈妈一向把早恋视为洪水猛兽，过度担心早恋会影响孩子的学习和成长，所以只要一有什么风吹草动便会全家出动制止。尽管采取种种措施严加防范，但早恋还是不期然地走近了正处于花季的少男少女。

有些妈妈从不对孩子讲述有关"爱情"的话题，对其讳莫如深，似乎"爱情"两个字是病毒，是细菌，捅破了这层纸，孩子就会被感染，失去抵抗力。可是，妈妈越是遮着藏着，孩子越是容易出问题。其实，这就是妈妈忽视对孩子进行"恋前"教育的结果。很多时候，早恋是妈妈需要用智慧来面对的事情。

如果妈妈置之不理，或者反应过激的话，都是对孩子不负责。妈妈摆正自己的心态，适当地和孩子讨论一下爱情，是引导孩子形成正确爱情观的最佳途径。但是，要和孩子谈"爱情"这个话题时，妈妈多少都会觉得尴尬，主要原因大多是不习惯。一位妈妈面对早恋的女儿，突破了"不习惯"的局限，语重心长地告诉孩子妈妈眼中的爱情：

女儿，听别人说你谈对象了，呵呵，其实这并没有什么不正常，但我需要提醒你的是，现在还不合时宜。因为你目前正处于成长的关键时刻，正需要投入全部的精力用于学习上，所以就不妨等过了这一关再说。

况且，人是要经历不同的人生阶段的，而阶段最多、变化最快的恰恰是这五六年光景。随着学习环境和工作环境的变化以及你自身素质的提高，你对异性的认识和审美也会发生变化。所以现在如果过分地投入就有着很大的盲目性，当然，我不是否认初恋的纯真和圣洁，但是当它影响了你现在的学习进程时就应该注意到这个问题了。

我们再说说择偶标准吧。先说我们的态度，我和你父亲一样会尊重你的选择，但是我们会给你提出一些建议来供你参考。很可能，你会被男孩英俊的外表所吸引从而忽略了内在的修养，这是比较危险的，因为英俊只会是暂时的、外在的，时间一久，你的审美也会是疲劳的。当两个人真正走在一起的时候便会更在意对方的脾性是否会合乎自己的意愿，而脾性的层次则是由修养的程度所决定的。

随着人生境界的转换，每上升一个层次你都会发现并结识更好的异性，而这时你最早的初恋就可能会因为时间和空间的转换而成为你感情的牵绊。所以，作为母亲，我建议你把目前可能存在的爱情淡化为友情先珍藏起来，等到你学业有成、工作稳定，特别是待到你的情感世界丰盈成熟时再来审视这份感情，如果依然难舍就再续前缘，如果感到似过眼云烟那就让它随风散去吧……

困惑、羞涩的女儿，听到这些，脸上露出了真诚的微笑，似乎明白了很多……

这位妈妈诚恳的话语点拨了处于爱情幻想中的女孩，让她对人生与爱情有了新的认识。这位妈妈的做法很值得借鉴，妈妈们应该像她一样，多和孩子沟通、交流，了解孩子的心理和情绪，及时帮助孩子找到解决问题的方法。适当的时候，和孩子讨论一下什么是爱情，可以帮助他形成正确的爱情观。

当妈妈发现孩子与某个异性同学交往过密时，应该处变不惊地巧妙地加以引导，让孩子把注意力转化到其他方面上。

在这方面，另一位妈妈的做法就十分高明。

这位妈妈发现儿子早恋，她不仅没有斥责儿子，反而比过去更加关心儿子，知道儿子喜欢语文，便鼓励他参加年级朗诵组，还启发儿子写日记，写作水平得到了迅速的提高。于是，儿子的习作频频出现在班级的墙报上。儿

子开始由一对一的交往转向了集体,常为班级做好事,而且在一次班干部选拔中被同学们推选当了生活委员。

期末考试时,儿子的成绩有了很大的进步,进入了年级前五名,还被评为三好学生。学习、集体活动成了儿子的主要活动,当初对异性的爱慕心理也渐渐平息、淡化。

其实,心理学家指出,早恋是防不胜防的,妈妈不可能每天24小时都能控制住孩子,而且有的孩子因为厌恶妈妈的控制,会故意反叛地早恋起来。所以,对待孩子与异性同学的接触,妈妈应该给予引导而不是盲目禁止。

 ## 给孩子一个宣泄的空间

曾有心理学家做过一项实验,得出过这样一个结论:当两个个体之间挨得太近,那么个体之间就会产生拥挤等不舒适的感觉,因为这两个个体之间打破了原来所占领域的平衡,进而影响了正常的活动。这被心理学家称为"个人空间定律"。

后来,有人为验证这一定律又进行了另外一项实验:在一个房间里安排了超过这个房间所能容纳的人,于是里面的人感到十分拥挤。这时,如果有个陌生人进来,就会被房间里的人仇视,男性甚至会对这个新来者表现出攻击倾向,房间里的人的焦虑指数也会越来越高。

"个人空间定律"和后面的这个实验可以归纳为一句我们常说的话——距离产生美。想象一下,如果一群刺猬为了取暖而抱在一起,会感到暖和吗?

某知名女演员曾经在节目里说:"我很希望自己的房间成为能哭的地方,仅仅是在心情不好时,或者于己不利时有一个避难的场所。"

心理学研究表明，只有当一个人的个人空间不被侵犯，个人的隐私得到尊重，心境才能平和，才能对周围的人和事感到安全。而当一个人的独立区域被外来力量强势侵入，则会表现得不安、焦虑，对事物戒备甚至驱逐。

总有些父母打着"为孩子好"的幌子对孩子的个人空间多加干涉，对自己不赞同的行为一顿呵斥，殊不知这会让孩子的心情更加雪上加霜。或许孩子只是需要一次放松，但是因为父母的干涉就会变得闷闷不乐，心情沉郁。与此同时，他们还可能会因为对父母的"不爽"情绪而拒绝与之沟通，将父母拒绝在心灵的门户之外，这对孩子的心灵发展实在是没什么好处。

小春一直是个听话的孩子，家里长辈、邻居都夸她是个好孩子，可是有一次，她却和妈妈发生了争执。原来，是因为小春妈妈给小春整理房间的时候，没有经过她的同意就把她很喜欢的一个玩具娃娃给扔了。

小春很生气，"你为什么要进我的房间，不经过我同意就把娃娃给扔了！"

小春妈妈见到女儿这个态度也是气恼不已："我辛辛苦苦给你整理房间，还被你这样说。"一气之下也不管小春了，母女之间因为这件事斗了好长时间的气。

父母和孩子是这个世界上最亲密的人，可是即使如此，父母和孩子之间也是需要"距离"的。很多父母会以担心孩子为由对孩子的个人区域抱有不重视的态度，随意翻看孩子的日记本，或者不经孩子的同意扔掉孩子的东西，孩子就会感到不被尊重而产生消极情绪。家长常常会告诉孩子不要随便翻看自己的东西，因为那很重要，但为什么不换位思考一下？有些东西对于孩子来说，也是只能自己一个人知道的宝贝。

要知道，孩子作为一个独立的个体，也是需要自己的空间的。这个空间不仅仅代表独立的个人房间，更是能让自己安心学习、玩耍的空间，不被强加的意志，可以自己独立决定的选择。孩子在这个只属于自己的地方，想画画、学习、写字，都能出于自愿。他们可能会想把今天刚刚学过的歌曲再在脑海里演

习一遍，或是想把作业留在跳一支舞蹈之后再做，做什么以及何时做都在于自己的选择。能够发出主动性的行为，比被家长强迫做的一件事，效率自然要高得多，孩子得到的益处也多得多。

阳阳每天完成作业后，剩下的时间就是自己的了，这个时候妈妈会让他自己选择做一些事情，或是待在房间里玩飞机模型，或是到附近公园里和小朋友们一起玩老鹰捉小鸡。有的时候还可以发一会儿呆。

妈妈不会干涉他，只是告诉他出去玩的话要早点回家，偶尔会引导他。

所以，阳阳从小就能为自己做决定，阳阳妈妈也很欣慰。

给孩子一个充分独立自由的空间，让它成为孩子的宣泄空间。孩子可以在这个空间里大叫、乱跑，即使是父母也不会来多加指责，这会让孩子感到安全，一旦情绪得到宣泄，那么孩子便能自然而然地回归到正常轨道上来。

当然，宣泄空间对于孩子的很多问题是有效的，但是一旦遇到在这个宣泄空间里也不能解决的问题时，妈妈就要和孩子及时沟通，告诉孩子怎样正确控制自己的情绪，在以后遇到同类事情的时候，怎样有效快捷地解决它。

# 第七章
## 用智慧解决孩子的"疑难杂症"

妈妈以身作则,帮孩子戒掉"电视瘾"
用阅读和大自然对抗电视的诱惑
孩子沉迷网络,应该如何应对
做孩子的网络导航员
电脑游戏是非多,巧妙利用能立功
如何和游戏上瘾做斗争

##  妈妈以身作则，帮孩子戒掉"电视瘾"

随着现代科技的发展，电视屏幕越来越大，越来越清晰，电视频道也越来越多，这在很大程度上满足了人们放松精神的需要，但是电视也给许多望子成龙的家长们带来了恼人的家教问题。

说起孩子的"电视瘾"，刘妈妈很苦恼。她抱怨说孩子最喜欢吃饭的时候看电视，本来20分钟就可以吃完饭，他非要磨蹭着吃40分钟。如果关着电视，他就拒绝吃饭。孩子离不开电视的习惯真让人犯愁。

小孩子，特别是小学阶段的孩子看电视上瘾影响学习应该怎么办呢？

首先，家长要能够以身作则，拒绝电视的诱惑。一些有经验的妈妈说："要想让孩子能够专心学习，做家长的必须要首先能够关掉电视机。"因为即使家长把电视声音调到很低，这些节目也会对正在做作业的孩子形成诱惑，让孩子不由自主分散注意力，总是想偷偷地看一眼，只有自己关掉电视机才能让孩子真正进入学习状态。如果不想让孩子看电视，并且培养孩子其他的兴趣，家长要多花点儿心思去开展更多有趣的活动，比如一起看书、一起参加活动、一起运动健身等，用丰富多彩的活动"占领"孩子看电视的时间，让孩子发现更有趣更有意义的活动。

另外，家长们也可以制定看电视的家庭规则。看什么节目以及看的次数和时间都要有明确的规定，比如作业没做好不能看，没吃完饭不能看，看到几点就要去做作业或睡觉，这些都要事先跟孩子说好。而一旦做好了规定，大人和孩子就必须要共同遵守，严格执行，不能因为孩子的请求而心软，也不能因为自己是大人就擅自破坏规矩。

小玲今年上六年级，正面临小学升初中的考试。她原本是个小小电视迷，因为成绩一直不错，开始的时候，妈妈并没有强制剥夺她看电视的权利。但是上了六年级之后，妈妈就不再允许她看电视了。这一天，小玲正在学习，忽然听到妈妈看电视的声音，就把房门拉开一条缝，躲在门后悄悄看，不料被妈妈发现了，妈妈大发雷霆。小玲嘀咕了一句："为什么我不能看，你就能看？"妈妈听了更生气了，大声训斥道："我是大人了，工作一天很辛苦，并且现在不需要学习，所以可以晚上看电视；你是孩子，需要好好学习，需要完成作业，所以你不能看电视！"

家长自己整天在客厅里看电视，孩子从书房跑出来想看一会儿，却遭到训斥。这是看电视问题中最糟糕的情况。事例中小玲的妈妈说的似乎没有错，孩子也没有反驳，但是这种说法造成的效果却非常不好，这些话潜在的意思是：看电视是一种特权，我现在已经有资格享受了；你还没有资格，你只有好好学习，才能获得这样的资格。

这种说法让孩子觉得他和大人之间是不平等的，他会认为大人是有特权的，而且"学习"的过程是痛苦不堪的，和"享乐"是完全对立的。其实孩子的心里明白自己应该去学习，可是天性中的享乐愿望又让他非常想看电视。如果这种矛盾经常出现，就会激起他对学习的厌烦和对电视更热切的渴望。

其实很多家长也知道以身作则的重要性，但是很多人表示自己很难做到。连家长都觉得不想做的事情，凭什么要求孩子做到呢？其实，很多时候，身教都胜于言传，家长的行动往往比语言更有说服力。要尽可能减少环境中的诱惑，而不是劝说孩子去抵抗诱惑。家长应该主动走进孩子的内心世界，在看电视的问题上和孩子平等地沟通，发挥榜样作用，帮助孩子从小养成良好的行为习惯，让他终身受益。

##  用阅读和大自然对抗电视的诱惑

为了打赢与电视抢孩子的争夺战,爸爸妈妈必须要想出一些比看电视更有趣的事情才能吸引孩子的目光,那什么是最有效的对抗电视的"武器"呢?

其实看电视这件事情,预防更重要一些。如果少看电视的行为从孩子很小的时候就开始做起,实现起来就容易多了。家长如果在孩子小时候就纵容他无度地看电视,甚至主动把孩子交给电视去哄,想着"以后上学了孩子就不会再看电视了"就大错特错了,这种做法其实是在无形中给孩子的未来设置了一个障碍。

从小培养孩子的阅读习惯就可以有效地防止孩子日后沉迷于电视中不能自拔。研究表明:学龄前经常看电视的孩子和经常阅读的孩子相比,上学后智力差别很明显。孩子从小喜欢阅读,他的智力会发育得更优秀,也更容易对其他事情产生兴趣;同时他的思想也会更成熟、更理性,能够分清事情的轻重缓急,不舍得让电视浪费自己的时间。

《好妈妈胜过好老师》的作者尹建莉是这样解决孩子的看电视问题的:在孩子很想看的时候让孩子心安理得地去看,不要让孩子一边看一边心里有负罪感,但是如果平时家里很少开电视,家长也能用行动来给孩子做出榜样。

女儿圆圆上大学后,尹建莉曾经问过她,是否感觉父母对她看电视有过限制。圆圆说:"没有啊,你们从来不管我呀。"尹建莉老师又问她是怎么做到看电视有节制的,她说她觉得看电视也挺好的,不过一直有种感觉,那就是不应该在上面花太多的时间,看电视还不如看小说。

其实这一切都是妈妈苦心经营的结果。在圆圆很小的时候,妈妈就不断地引导她,让她爱上了阅读。书本里面的故事可以让孩子思维活跃,更加富有想象力。爱上阅读的孩子不会沉溺于电视节目当中,因为阅读能够带给她思考的乐趣,这是看电视所不能代替的。当家长成功地引导孩子把兴趣转移到阅读的时候,孩子的心是不会被电视控制的,此时阅读已经成为他内在的一部分,这样电视的吸引力就大大减少了。家长要努力做到不去控制孩子的行为,而是引导他的内心,让他能够自觉地拒绝电视的诱惑。

除了阅读之外,大自然也是对抗"电视瘾"的有力武器。大自然能够为孩子提供丰富多彩的视觉、听觉、嗅觉和触觉刺激,是孩子认识世界的一本天然教科书,没有一个孩子能够抵抗大自然的诱惑。它带来的感觉是生动直观的,这一切都比电视上那个看得到摸不着的世界更生动有趣。

可是一提到大自然,许多父母的脑海里首先浮现的就是茂密的大森林、连绵的山脉等,然后就会提出一堆不可行的理由。"工作太忙,哪里有时间带孩子旅游呢?""孩子太小,受伤了可就得不偿失了!"其实,接触大自然并不是非得全家出动去一个风景名胜区才可以。对于经历丰富的爸爸妈妈来说,小区的花园也许算不上什么风景,但是它对于刚刚开始认识世界的孩子来说却是一个充满神秘色彩的世界,这里有花草树木,有蓝天白云,完全可以满足孩子走进大自然的愿望。

另外,只要父母动动脑筋,还可以把大自然带回家,不时地在家里插一些新鲜的花束,也可以在阳台上种植一些绿色植物,养上几尾金鱼。买回来的蔬菜水果,甚至在海边捡到的贝壳石头,都可以作为大自然的一个部分呈现在孩子眼前。当孩子忙着照顾那些生动的动植物的时候,当孩子每天关注这些生物又有什么新变化的时候,孩子哪里还有时间去看电视呢?电视中那些只能看的鱼,怎么可能比眼前这些可以接触的小鱼更有吸引力呢?

家长完全可以开动脑筋,通过仔细观察孩子的特长和爱好,按照孩子的天性去引导,把孩子的兴趣内化为他的习惯,这样他一定能够抵抗住电视的诱惑,因为对于有自己兴趣的孩子来说,那些爱好可比电视有趣多了!

##  孩子沉迷网络，应该如何应对

青少年的网络成瘾问题现在已经成为一个让全世界父母都头疼的社会问题，怎么让自己的孩子戒除"网瘾"成了不少家长的心头大患。那么你知道什么样的孩子最易染上"网瘾"吗？

研究表明，以下这五类孩子最容易染上"网瘾"：

1. 学习失败的孩子。现在的家长对孩子的期望很单一，学习成绩的好坏往往成为孩子成就感的唯一来源。在这种情况下，一旦学习失败，孩子就会产生很强的挫败感。但是网络却给他们完全不同的感受，他们在此很容易体验成功，这种成就感是他们在现实生活中很难体验到的。

2. 原本学习特别好的学生。这些孩子在升入更好的学校、面对更优秀的竞争对手时产生了心理落差。他们听父母的话，认为学习就是为了"上大学—找到好工作—挣钱"。当他们不能再保持原有的名次和位置时，他们就会转而去依赖更容易满足自己内心需要的网络。其实，造成这些孩子依赖网络的根本原因是没有形成正确的学习观。

3. 人际关系不好的孩子。这样的孩子多数性格内向、猜忌心强，而且小心眼，一旦碰到问题，如果没能得到及时解决，他们就容易沉迷网络，使得自己的学习和生活受到严重影响。

4. 家庭关系不和谐的孩子。现在社会上的"问题家庭"在增多，这些家庭中的孩子通常得不到足够的温暖。但是在网络上，他们提出的任何一点小小的请求都会得到不少人的帮助。现实生活和虚拟社会在人文关怀方面的反差，很容易让"问题家庭"的孩子陷进网络。

5. 自制力弱的孩子。上网成瘾者基本都有这个问题，他自己也知道这样不好，也不想这样下去，但是一旦接触电脑就情不自禁。人生最重要的事情就是选择，生活中要面对很多选择。孩子年龄还小，很多时候抵制不住诱惑，所以家长要帮助孩子学会做正确的选择，提高孩子的自制力。

孩子喜欢上网，但是并不是所有的孩子都到了上瘾的地步，家长们大可不必提到网络就咬牙切齿。

根据网瘾程度的不同，可以划分为3个级别：

1级：对网络有所依赖，但是程度较轻，或成瘾时间较短，这个时候孩子网络成瘾这个毛病是最好治疗的。

2级：对网络的着迷已经对学业和人格造成显著的负面影响，这时候戒除网瘾难度就有所增加。

3级：病理性的网络成瘾，这是最严重的网瘾状况。这种状况是说网络不单单影响了他的学业和生活，还改变了当事人生理上的状态。这种严重级别的网瘾，与毒瘾、赌瘾的原理十分相似，上网时产生的愉悦会刺激当事人的大脑神经中枢，破坏内分泌的平衡，分泌出大量多巴胺，在短时间内会令人高度兴奋。如果孩子属于这一级的网络成瘾，就需要求助于专业的医疗机构的精神科医师了。

在孩子戒除网瘾的过程中，有些家长也会陷入误区，这些误区极有可能会延误孩子的治疗。有些家长认为"网瘾"不是病，只是把孩子对网络的痴迷单纯地当成一种心理问题，认为不用治疗，只要善于开导，孩子就能恢复。事实上，如果孩子的网瘾达到了第3级，孩子不上网就会浑身难受，这时候是需要有效的药物和心理治疗配合才能治好的。

还有些家长认为"网瘾"戒了就好了，不会再复发了。很多事实表明，在戒除"网瘾"的过程中，有些不配合治疗的孩子会出现反复。这时候就需要家长开动脑筋，想办法帮助孩子在戒除"网瘾"之前不接触电脑。这里存在一个"间隔区"，这个"间隔区"根据不同的情况，时间长度会有很大区别，有的可能只需要一星期，有的则需要好几个月。在这期间，家长要不断尝试各种办法，耐心解开孩子心中的死结，这样才能让孩子平心静气地配合治疗，最终使孩子彻底地戒除"网瘾"。

##  做孩子的网络导航员

在现在这个信息社会中,限制孩子上网显然是有失偏颇的。孩子们喜欢上网,因为上网可以跟朋友聊天,能听音乐、看视频,还可以收集有关资料,完成作业和开阔眼界,这个趋势是符合素质教育目的的,也充实了孩子们的学习和生活。如果因为孩子年龄小就限制甚至禁止他们上网,很可能会产生心理学上所说的"禁果效应",成人越禁止他们去做,他们越有兴趣去探究,最终会产生适得其反的后果。但是有些家长为了省心,不闻不问,不加引导地让孩子们去上网,这也是不妥的。

强强拿着成绩单回家后,遭到了爸爸严厉的批评,因为每一科的成绩都大幅度下滑,问他原因还回答不上来。于是爸爸去问了强强的老师。老师说:"强强本来成绩一直都不错,但最近上课的时候,常常魂不守舍,听说是迷上了网络游戏。"

强强的爸爸听到这些恍然大悟,难怪儿子一放学就钻到自己屋里不出来,还以为他是去学习,原来是在玩网络游戏。想到这里,强强爸爸非常生气,他回家之后就把强强房间的电脑搬了出来,决定再也不给他用了。强强回家后看到这个场面,也愤怒不已。这时候爸爸的情绪渐渐平静,他认为自己在孩子不在家的情况下就粗暴地把电脑和光盘统统没收,也许并不是解决问题的最好方法。那么有没有更好的办法呢?最后强强的爸爸和孩子进行了一次长谈,告诉孩子网络是有两面性的,聪明的孩子会利用网络中好的一面,然后爸爸列举了在网上哪些行为属于充分地利用了网络,是明智的上网

行为。强强也恍然大悟,向爸爸表示以后一定要做一个聪明的孩子!

其实,在孩子上网这个问题上,做聪明的父母更加重要。家长应该首先充分理解孩子钟爱上网的心情。现在中国的独生子女回到家后与同龄孩子一起做游戏的机会很少,学习压力又很大,确实需要有个放松的机会和场所。

比较起来,网络还是利多弊少,如果能够善用网络,父母和孩子都能从中受益。那么家长应该如何引导孩子正确合理地使用互联网,做好"网络导航员"呢?

首先,家长自己应该对互联网的性质、功能、特点和操作技术有一个基本的认识和了解,只有这样才能与孩子一起分享上网的体验与感受,才能更有针对性地引导。在科技高速发展的今天,家长是需要与孩子一起学习、一起进步来跟上社会的脚步和孩子的思维的。

其次,家长可以引导孩子带着一定的学习任务去上网。家长应看到,孩子上网,不仅可以娱乐,还可以发表对社会事件的看法以显示自己的思想。家长完全可以利用互联网信息量大的特点,把培养孩子的兴趣与互联网结合起来,如可以引导孩子了解时事政治,领略各地的风土人情,阅读优秀的文学作品,收集相关学习资料,开展研究性学习等。不要让孩子仅仅把上网当作一种娱乐手段,而要把它变成满足兴趣和情感需求的手段。

家长还可以与孩子一起建立一个亲子博客,鼓励孩子在博客上写文章,让他去看同龄人的博客和成功人士的博客。这不仅可以锻炼孩子的文笔,让孩子有一个释放心情的空间,同时也可以为孩子树立起学习的榜样。不过,父母要注意的是不要随意质问孩子写作的内容,只要孩子的博客里面没有特别极端的想法,就要给孩子充分的自由去享受属于自己的网络空间。

很多家长反对孩子上网的原因是网络诱惑太多,不安全,但是如果因为这个原因就禁止孩子上网,那就是"因噎废食"的举动了。家长们要做的是把网络安全的规则灌输给孩子。父母要告诉孩子,最好不要在网上显示能确定自己身份的信息,比如家庭地址、电话、学校的名字、父母的名字和职业等,以免被诈骗犯罪分子利用。另外,最好不向网上上传自己的照片,不要自己单独会见网友,如遇到带有攻击、淫秽、威胁等使孩子感到不舒服的信件或信息,一定不要自己回复或反驳,应该让家长来决定如何处理。

既然社会发展到现在,想让孩子与网络隔绝已经是不可能做到的事情,那么家长就要学习大禹治水的方法,疏而不堵,引导孩子正确利用网络,让他在网络中漫游的时候不会误入歧途。

## 电脑游戏是非多,巧妙利用能立功

肖钢是从一年前开始玩网络游戏的,那个时候中考刚结束,可以暂时歇口气。暑假里,没什么任务,他就开始试着上网玩游戏,几乎在接触网络游戏的同时,肖钢就迷上了这种游戏。用他自己的话说就是:"没想到网络游戏这么好玩!""我简直不能想象不能玩游戏的日子会是什么样的。"

肖钢在现实生活中是一个比较腼腆的男孩,学习成绩也只处于中游,在学校里属于不引人注目的学生。但是,在那个虚拟世界里,他是众人仰慕的大侠,还有机会成为大富翁。在现实中没有办法实现的梦想,在网络游戏中似乎唾手可得。

不过,他也为此付出了相当大的代价。升入高中后,肖钢的成绩一落千丈,几乎每次考试都排在倒数几名的位置。家人一直以为是他不适应高中的教学方式,没有找到适合自己的学习方法的原因,却不知道他是偷偷地把时间都花在了玩游戏上。关于这一点,他掩饰得很好。每天放学后,他从不在外面逗留,总是准时回家。回家后除了吃饭,总是在自己的房间里埋头苦干,摆出一副努力学习的样子。父母看到肖钢这样,感到很欣慰,但是他们忽略了肖钢房间里那台可以上网的电脑。

提起网络,很多父母最头疼的可能就是孩子沉迷于网络游戏了,有的甚至

第七章
用智慧解决孩子的"疑难杂症"

一见孩子开电脑就冲过去监视，或者一见孩子玩游戏就大加责骂，这其实是不可取的。爱玩是孩子的天性，父母无权剥夺也剥夺不了，因为电脑游戏已经成为当代青少年生活中不可或缺的一部分。无论家长喜不喜欢，他们最终都会去玩的，所以，在让不让孩子玩电脑游戏的问题上，家长已经不需要做决策了。这是时代的趋势，家长们挡是挡不住的。

另外，如果孩子的同学们都在玩，当其他的孩子在一起交流游戏中的体会时，自己的孩子只能呆呆地站在一边插不上话，久而久之，孩子就会变得很孤僻、内向。家长们要明确一种观点，孩子的成长是建立在游戏上面的，孩子们总该玩点什么。既然电脑游戏能让孩子那么着迷，那么其中一定包含着巨大的快乐。电脑游戏也只是个游戏，它不是毒品，它的本质和家长们小时候玩的游戏没有任何区别，只不过这个游戏更有趣更复杂，而且采用了不同的载体而已。家长们小时候肯定也会有和小朋友做游戏忘了回家吃饭的情形，现在孩子对电脑游戏的喜欢和家长小时候喜欢游戏是一样的，但是现在的孩子很难找到那么多小伙伴一起游戏，所以只能在电脑上和虚拟的对象一起玩耍。如果孩子被剥夺了玩耍的权利，他极有可能就坐到电视机前面消耗时间了。与电视相比，电脑游戏至少是一个需要互动和智力投入的过程。

很多家长可能会反对这种说法，然后会列举出很多青少年因为沉迷于电脑游戏不能自拔的故事。看起来，这些事情似乎都是青少年出了问题，但是根本问题出在家长的教育上。对游戏有兴趣和病态的"成瘾"是两种状态，绝大多数孩子属于前者，很多事业上很成功的人也很喜欢玩电脑游戏，所以并不是游戏本身的问题，而是孩子缺少自我管理的能力才使事情变得不妙的。

想让孩子学会自我管理，就不要经常告诉孩子要这样，不要那样。家长为孩子做的计划的确很合理，但是如果总是不厌其烦地提醒孩子该做什么不该做什么，实际上你就已经把管理的责任担起来了，在这样的情况下，孩子哪里还有机会自我管理呢？

对于少数游戏成瘾的孩子来说，家长们就更要反思自己的教育了。如果孩子长期只活在游戏世界里，那么只能说明游戏外的世界让他感到不快乐。如果说这样的孩子因为游戏耽误了人生，那么即使他的生活中从来没有电脑出现

133

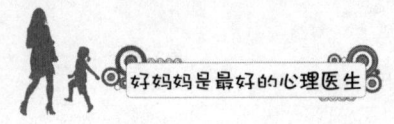

过,他也会沉迷在其他事物中躲避现实世界中的不开心。

所以,面对电脑游戏,家长们要做的不是堵住源头,而是让孩子学会自我管理。这些游戏可以让孩子感到快乐,增加与同学们交流时候的话题。同时,家长要注意的是引导孩子玩健康有益的游戏,最好是单机游戏,因为单机游戏总有结束的时候,而网络游戏就像一个无底洞,永远没有终点。有些时候,家长甚至可以把自己精心挑选的游戏推荐给孩子,这样总比孩子无目的地"乱玩"要好得多。

 ## 如何和游戏上瘾做斗争

现在玩电脑游戏的孩子越来越多,但是并不是所有的孩子都会上瘾,只有很少一部分才会达到不玩游戏就浑身不舒服的地步。如果自己的孩子已经到了游戏成瘾的程度,家长们应该怎样帮助自己的孩子逃出游戏的控制呢?

先来看一下孩子们沉迷于网络游戏的心理成因。美国临床心理学专家罗杰斯认为,爸爸妈妈无条件的积极关注会在孩子的心中形成一个"安全岛",爸爸妈妈的爱就是安全岛的基石。但是,在成长的过程中,有的孩子的安全岛逐渐被瓦解,他们被妈妈"遗弃"了,他们的安全岛四分五裂。于是,这时候,他们就开始去网络上构建新的、虚幻的安全岛,在那里有人无条件地支持他,听他倾诉,对他没有任何要求,在那里他们可以找到安全感。所以当家长们抱怨自己的孩子沉迷游戏的时候,不要把所有的责任都推给游戏和孩子,而是应该从审视自己的教育开始做起。

那么,孩子已经游戏成瘾,父母要怎样和游戏上瘾做斗争呢?

首先,父母要给予孩子足够的爱和关注。当孩子心中充满爱和安全感的时候,他就不会因为寂寞空虚而用游戏来麻痹自己或者获取温暖,因为不管网络游戏里有多少人支持自己,也不如在父母的怀里撒娇更有安全感、更温暖。

## 第七章 用智慧解决孩子的"疑难杂症"

其次,家长要帮助孩子发展多方面的兴趣,用其他的爱好代替网络游戏,比如美术、阅读、运动、音乐等。通过一些其他有益身心的兴趣爱好来代替电脑游戏,这样他就没有多余的时间去想网络游戏了,同时他对电脑游戏的依赖性就会渐渐减轻。

最后,父母还要多多培养孩子的自信,帮孩子找到他自身的优越感。优越感是孩子成长过程中必需的,他需要得到别人的肯定并且觉得自己很棒。有的孩子在生活中一塌糊涂,成绩不好,也不喜欢交朋友,但是在游戏里他很棒,他在游戏中能够找到优越感,也正是因为这个原因他才迷恋上了游戏。因此,父母要帮他构建这种自信心和优越感。生活中,父母不要总是盯着孩子的学习成绩,要多方面地观察孩子,找到他的闪光点,让他感觉到自己在有些方面还是很强的。如果孩子形成了这种优越感,那么以后他就不会那么强烈地需要游戏来证明自己的优秀了。

新新最近迷上了电脑游戏,妈妈说了他很多次他都当作耳旁风。这一天,妈妈的几个好朋友来家里做客,聊着聊着,都说起了自己家的"游戏迷"。新新在一旁很紧张地看着妈妈,生怕妈妈在这么多人面前批评自己,让他想不到的是,妈妈竟然一把搂过了他,说:"我们家新新表现就不错,虽然喜欢玩游戏,但是我们约定了每天只玩一个小时,他坚持得特别好!"那些阿姨纷纷表扬新新。朋友们走后,妈妈跟新新说:"咱们真的来做个约定好不好?玩游戏可以,但是每天只玩一个小时,新新能坚持吗?"想起刚才阿姨们的表扬,新新骄傲地点了点头。

实际上,在防止孩子游戏上瘾的问题上,制定规则是必要的,而且要强制执行。那么怎么才能避免孩子因为强制执行在心理排斥父母呢?

在做规定的时候要和孩子一起商量,不能搞"一言堂",自己制定规则,孩子必须执行。另外,在和孩子制定规则的过程中,一定要制订好惩罚方案,一旦孩子违反规定,绝不能心软姑息。把玩游戏的时间长短和时间安排以及惩罚措施都做好之后,要明确告诉孩子:"这是我们共同达成的协定,你要按照

协定去执行。"其实这也是锻炼孩子自我管理能力的一个方法。此外，在执行规定的时候，家长要注意，如果此时是规定的游戏时间，那么父母绝对不要干涉孩子的自由，不能总是去监视、去提醒，既然想把这段时间给孩子，就放手彻底给他自由。

# 第八章
## 及时防治孩子的不良心理或疾病

恐惧症：生活在黑暗中的孩子

抑郁症：童年是灰色的

缄默症：沉默不语的孩子

感觉综合失调：都市儿童的流行病

孤独症：蚂蚁比小伙伴更有吸引力

怀疑癖：樱桃到底是什么颜色的

强迫症：不断洗手的孩子

不正常的占有欲：丧失自我的"物质小奴隶"

##  恐惧症：生活在黑暗中的孩子

涂涂今年9岁了，是个勇敢、坚强的小男子汉，打针的时候眉头都不皱一下，平时最喜欢带着小朋友玩探险游戏。可是，有一天涂涂和小朋友玩的时候，不知道从哪里蹿出一只野猫，涂涂一见，立刻打了个哆嗦，大叫一声，转身没命地往家里跑。原来，涂涂最怕猫了。还是涂涂6个月的时候，妈妈带涂涂去公园，把他放在长椅上。忽然有一只猫被淘气的孩子追得慌不择路，竟然一下子跳到了涂涂的脸上，还把他抓伤了，涂涂吓得大哭。从那时开始，涂涂就非常怕猫，连动画片《猫和老鼠》都不敢看。

其实，涂涂怕猫是恐惧症的一种表现。

儿童恐惧症，是指儿童对日常生活的一般客观事物和情境产生持续的、不现实的、过分的恐惧、焦虑，达到异常程度。

虽说恐惧心理是一种痛苦的情绪体验，但它是一种自我防御机制，它会促使人们快速离开危险的环境和物品，显然是有利的。正常儿童对一些物体和特殊情境，如黑暗、雷电、动物、死亡、登高等会产生恐惧。恐惧是正常儿童心理发展过程中普遍存在的一种情绪体验，是儿童对周围客观事物的一种正常的心理反应。每个儿童都要经历由不怕到怕的心理演变。

不过，儿童的恐惧也分异常和正常两种。如果儿童的恐惧程度轻、时间短，没有超越儿童的年龄、认知水平和环境，则可以视为正常。反之，如果恐惧持续的时间较长，超越了儿童的年龄、认知水平和环境，或明知某些物体或情境不存在危险，却产生异常的恐惧体验，就应当视为异常。患儿会由于恐惧产生退缩或回避行为，不易随环境和年龄的变化而改变，任何劝慰、说服、解释都没有用，严重影响着儿童的正常生活和学习。

儿童恐惧症根据内容可分为三大类。对损伤的恐惧，如怕鬼怪、怕受伤、怕出血、怕生病、怕死等；对自然事物和现象的恐惧，如怕黑、怕高、怕打雷、怕动物等；社交性恐惧，如怕陌生人、怕上学、怕考试、怕当众讲话等。

儿童恐惧症是一种心理性的问题，最有效的办法是心理治疗。首先应明确引起恐惧的诱因，然后有针对性地进行治疗。

认识治疗法：帮助患儿建立治疗信心，分析恐惧对象，使患儿充分了解怕的对象，从而正确评价自身及恐惧对象。

暴露治疗法：将患儿骤然呈现在恐惧对象之前，刺激其建立对恐惧对象的正确认识。这种方法治愈速度快，但是刺激性太强，患儿必须有一定身体条件。

最为常用的方法是系统脱敏法，这是目前被认为治疗恐惧症最安全而有效的行为治疗方法。即设定阶梯性恐惧值，循序渐进地消除其恐惧心理，先用程度较弱的刺激，然后逐渐增强刺激的强度，让患儿逐渐适应，使之对刺激的恐惧程度逐渐降低，最后达到消除恐惧症的目的。

引起儿童恐惧的原因多种多样，但主要是两种因素：先天遗传和后天习得。研究发现，多数儿童恐惧症的起因是后天习得的，也就是说，儿童生长所处的环境和接受的教养方式至关重要。比如家长对不听话的孩子采用恐吓的办法，当着孩子的面毫无顾忌、绘声绘色地讲述一些可怕的情形等，会造成儿童的恐惧心理，严重的会形成恐惧心理障碍。过分严厉和教条化的教育，过分粗暴或压抑的环境，也会诱发儿童恐惧症。

家长要注意从细微处做起，防患于未然，防止儿童异常的恐惧。有意识地防止将自己的恐惧传达给孩子，注重培养孩子独立生活和解决问题的能力与胆量，对孩子不理解的事物进行解释，尽量避免孩子接触恐怖书刊和影视，平时鼓励孩子多交朋友，多做交流，培养孩子乐观向上的生活态度，如果孩子的恐惧并不严重，对正常生活和学习没有影响，就没有必要渲染和过分关注，可以直接忽视，让孩子在成长的过程中慢慢适应。

## 抑郁症：童年是灰色的

洛洛是老师和家长眼中的好学生、好孩子，学习成绩好，每门功课都很优秀，家长以此为傲，对她抱有极高的期望，老师也经常表扬她，要小朋友们都向她学习。有一次考试，洛洛因为发烧，身体不舒服，精神不集中，没有考出理想的成绩。慢慢地，大家发现，洛洛变得沉默寡言，也不爱和小朋友们玩了，上课的时候发呆，整天都没精神。家长以为洛洛生病了，带她到医院也没检查出有什么问题。医生认为洛洛是因为家长和老师的过度期望，心理压力太大，加上第一次遇上挫折（考试失利），精神受创，患上了儿童抑郁症。

到底什么是儿童抑郁症呢？

儿童抑郁症是指由各种原因引起的发生在儿童时期以持续心情不愉快、情绪抑郁为主要特征的心境障碍或情感性障碍。抑郁对儿童的身心发展十分有害，会使儿童心理过度敏感，对外部世界采取退缩、回避的态度，对儿童身体成长也有不利影响。

一般来说，儿童在日常生活中因遇到挫折等而表现出悲伤、焦虑等情绪都是正常的，通常随着时间过去，都能自己调整好，重新高兴起来。但是，如果儿童在环境改善后仍不能摆脱抑郁的心境，并导致不能正常进行生活和学习的，那很可能是患上了儿童抑郁症。

儿童患上抑郁症会在情绪、身体、行动上有所改变。情绪上，抑郁症儿童会突然变得沉默寡言、情绪低落、胆小怯懦，对事情没有兴趣，常伴有自责自罪感等。身体上，抑郁症儿童会出现食欲不振，睡眠障碍或嗜睡，疲劳乏力、胸闷心悸等不适症状。行动上，抑郁症儿童一般有两种表达形式：外向型症状和内向型症状。外向型表现为脾气暴躁、冲动不安、喜欢顶嘴等，内向型表现为注意力不集中、经常发呆，与同学关系疏远等。

儿童抑郁症的诱因有很多种，主要是心理刺激方面。比如受到歧视或者虐待，使儿童心灵受到创伤，长期处于自卑状态，认为自己处处不如人，抑郁成疾；家庭动荡、失去亲人、父母离异等使孩子心灵蒙上阴影；家长期望过高，管教过严，超出孩子承受能力，导致其压力过大，情绪紧张；儿童生活环境闭塞，缺乏交流，感情压抑，情绪不能充分发泄等。

家长作为孩子最亲密的人，也应该是帮助孩子远离抑郁的最好的医生。

营造温馨愉快的家庭氛围。父母在孩子面前要注意自己情绪的表达，避免专制的家长作风，关心孩子，尊重孩子，理解孩子，多跟孩子进行交流，接受孩子的倾诉，让孩子充分体会家庭生活的亲密和温馨。

鼓励孩子多交朋友。多组织孩子们的集体活动，教会孩子与他人融洽相处，培养孩子广泛的爱好和乐观宽容的性格，让孩子在交往中体会友情的温暖。

对孩子的教育要适度。根据孩子自身的能力和兴趣进行培养，不要对孩子期望过高，避免对其造成心理上的压力，适当给予孩子一些时间和空间，让孩子自由发展。

提高孩子抗压抗挫折能力。对孩子克服困难给予充分的肯定和鼓励，培养孩子的自信心和应对逆境的能力，避免过度保护，教会孩子学会忍耐，在困境中寻找精神寄托，如运动、书画等。

对已出现抑郁症状的孩子，首先要分析孩子抑郁的原因，消除环境因素的影响。此外，要帮助孩子建立积极的态度，指导孩子调整情绪并进行适当的发泄，如倾诉、哭泣等，释放消极的情绪，恢复心理的平静；陪孩子做一些开心或是振奋的事情，以愉快的心情抵消消极情绪；实行目标激励，帮助孩子树立目标，使孩子有方向感。也可根据具体情况采用药物治疗或者心理治疗。需要注意的是，儿童抑郁症严重时会伴有危及生命的消极言行，对于有自杀倾向的孩子，家长要高度警惕，严密监护，并请心理医生进行长期治疗。

 ## 缄默症：沉默不语的孩子

小牧从小就胆小怕生，家长带他出去，碰到了熟人，他都躲在父母身后，问他话也不回答。妈妈以为可能是孩子个性胆小、害羞所致，以后长大就好了，也没有重视。谁知道，小牧上学后情况就更严重了，不但不喜欢和别的小朋友一起玩，老师点到他回答问题时，他也不说话，要不就是用点头或摇头来回答。老师将情况跟妈妈讲后，妈妈很奇怪，小牧在家和邻居的小伙伴也玩得很开心，除了胆小一点，也没有什么不正常的。

其实，这是儿童缄默症的表现。

儿童缄默症是指患儿智力发育正常，言语器官无器质性损害，但不愿用语言表达自己的意见或回答问题，取而代之以书写、手势或摇头点头的动作与人交流，表现出顽固的沉默不语。

缄默症患儿并不是不能说话，他们有正常的言语理解及表达能力，只是因为心理作用的影响，导致他们不愿意说话，其实质是一种社交功能性障碍。

缄默症根据儿童在不同环境中的表现，可以分为全面性缄默和选择性缄默两种类型。前一种类型的儿童在任何场合中都不喜欢说话，或者是拒绝说话；后一种类型的儿童在已获得了语言能力后，因为心理或精神因素，在某些场合中始终保持沉默不语，"缄默"状态对环境和对象具有高度的选择性。

选择性缄默症多在儿童3~5岁的时候发病，胆小、害羞、孤僻的儿童身上多见，女孩发病率高于男孩。大多数患儿在陌生环境中表现为沉默不语，长时间一言不发，但是在家里或是熟悉的人面前讲话，甚至表现活泼，如父母、亲人、某些小伙伴等。少数患儿正好相反，在家不讲话而在学校或陌生场合讲话。缄默时，患儿会采用动作等代替语言来表达自己的意见，如点头、摆手等，或仅用简单的字眼来表达，如"是""不""要"等，偶尔也会用写字的方式来代替，部分患儿拒绝上学。

儿童发生缄默症的原因很多，有儿童自身性格因素，如患儿往往具有敏感、胆小、害羞、脆弱等性格特征；有家庭因素，如家庭封闭、隔代抚养、父母过于保护等；有发育因素，如语言能力发育延迟、功能性遗尿等发育性障碍；也有心理因素，如在受惊吓、初次离开家庭、环境突变或其他明显的精神刺激后发病。部分缄默症病例与遗传因素有关。有部分观点认为，儿童保持缄默是出于自我保护，排遣不安的心理感受。

儿童缄默症会严重影响儿童的正常生活和社会性发展，因此一旦发现征兆，要尽早治疗。缄默症是心理障碍，治疗上应以心理治疗为主。

避免刺激。尽量避免各种会给孩子造成心理影响的刺激，消除紧张因素，提供平和安宁的生活和学习环境，鼓励孩子积极参加各种集体活动，引导孩子学会和别的小朋友交往，邀请老师或小朋友到家中做客，在孩子熟悉的环境中同客人进行交流，培养孩子广泛的兴趣爱好和开朗豁达的性格。

营造宽松自在的家庭环境。家长要戒骄戒躁，改善家庭关系，减少对孩子的粗暴呵斥，营造温馨和谐的家庭氛围，不要让孩子生活在恐惧和紧张之中，解除孩子的心理压力和困扰。

淡化言语问题。对于孩子的缄默，不要过分关注，否则孩子很难放松下来，更不能逼迫孩子讲话，以免进一步加重孩子紧张焦虑情绪，甚至出现反抗心理。可以采取转移注意力的方法，如陪孩子做游戏、讲故事、外出游玩等，分散其紧张情绪。

诱导矫正。对孩子多鼓励，当孩子主动和客人交流时，包括眼神、手势、躯体姿势、言语等，要给予赞扬，孩子一开口，就要及时地鼓励，增强孩子的自信心。也可以用孩子最想要、最喜欢的东西作为奖励，诱导孩子说话。

每天同孩子说话。家长每天用固定至少半小时时间同孩子说话，跟孩子聊他们喜欢的话题，如喜羊羊、灰太狼、奥特曼等，并允许孩子不做回答，消除

孩子内心的紧张和焦虑。

症状较重的患儿要在医生的指导下采用药物治疗。

## 感觉综合失调：都市儿童的流行病

杰瑞5岁了，长得聪明可爱，亲戚朋友都很喜欢他，刚上幼儿园的时候，也很受老师和同学们的欢迎。可是，幼儿园老师渐渐发现，杰瑞很不适应幼儿园的生活，他上课的时候注意力不集中，东张西望；吃饭时习惯用手抓，不会使用筷子，爱挑食；做游戏的时候，动作总是比别的小朋友要慢。杰瑞的妈妈很困惑，她怀疑孩子是不是生病了。后来，妈妈带杰瑞到一家儿童医院进行检查的时候，看到很多情况类似的孩子，经医生介绍，妈妈才知道杰瑞患上了感觉综合失调症。

感觉综合失调症又称为"神经运动机能不全症"，是一种中枢神经系统的障碍问题，是指外部进入大脑的各种感觉刺激信息不能在中枢神经系统内形成有效的组合，使机体不能和谐地运作而产生的一种缺陷。

感觉综合失调症多发生在五六岁至十一二岁的儿童身上。通常，这些孩子智力发育正常，却有学习或行动上的障碍。患有感觉综合失调症的孩子，常表现出手脚笨拙、动作不灵活、不协调；阅读困难，经常从一行跳读到另一行去；经常分心、走神儿，注意力不集中；说话口齿不清或是意思表达不准确；胆小腼腆，与人接触特别害怕或紧张；胆大鲁莽，做事冲动不计后果；不喜欢被触碰，防御攻击性强，不容易与别人建立情感交流。

是什么引起儿童的感觉综合失调症呢？其原因主要有三个方面。第一是孕妇在孕期不当的饮食、行为习惯，如孕期孕妇营养不良或是吸烟，饮酒，饮浓茶，咖啡等；第二是哺育期间如果父母对孩子溺爱、过度保护或拒绝，都会促使感觉综合失调的发生；第三是幼儿培养期教育方法不当，如让幼儿过早地接受认知教育，对孩子造成精神压力，过多地纵容孩子，导致孩子放任不服管教，给孩子提供的生活环境过于封闭，导致孩子封闭胆小。

儿童感觉综合失调意味着儿童无法控制身体感官和支配身体协调活动，会在不同程度上削弱儿童的认知能力和适应能力，会严重影响儿童的健康成长。在学龄期时，在学习能力上会出现障碍；到了青年期，工作、交际、适应能力都会出现问题；走上社会后会影响正常的生活。

一般来说，感觉综合失调的儿童智力很正常，很难引起家长的重视，从而贻误最佳治疗时机。其实通过进行专业训练，儿童的感觉综合失调是可以缓解和治疗的。一般来说3～13岁是"感觉综合失调症"的最佳治疗时间。心理专家通过测查，诊断孩子的感觉综合失调程度和智力发展水平，制定相应的训练课程，通过一些特殊研制的器具，以游戏的形式让孩子参与，一般经过1～3个月的训练，就可以取得明显的效果。但是，感觉综合失调超过12岁就会定型化，影响孩子的一生。

所以，对于家长、老师来说，要注意观察孩子在各项感知能力方面的发展情形，善于发现、了解儿童某些行为背后的因素。面对孩子的不听话、不懂事，切忌责备惩罚孩子，因为他们可能控制不了自己。研究表明，几乎所有的孩子都存在感官失调，只是表现的轻重程度不同。

家长要学会正确引导教育孩子，提供合适的玩具来帮助孩子各项感知能力的均衡和谐发展。平时在生活中，多和孩子玩感觉游戏，如连续吹大小不一的泡泡、玩滑梯、走"独木桥"、玩滚筒等，让孩子在玩耍中建立愉快的情绪和良好的自信。

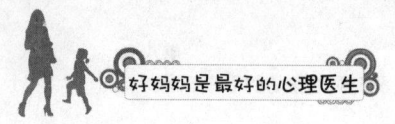

## 孤独症：蚂蚁比小伙伴更有吸引力

小鑫上幼儿园半年多了，已经四岁的小鑫平时不怎么爱说话，近几个月来变得更加沉默寡言。他不喜欢跟同龄的孩子一起玩耍，总是一个人躲到角落，对身边的事情没有任何兴趣和疑问，并且每天都在反复而毫无目的地翻着同一本书。小鑫在幼儿园也是整天一个人待在旁边，不与其他小朋友交往，明显愿意离群独处。这些奇怪的行为被幼儿园的老师发觉，于是幼儿园的老师及时向小鑫的父母反映，而小鑫的父母同样发现，小鑫对于身边亲人的感情很冷漠，对身边发生的一切事情都没有什么反应，即使对于妈妈的关心他也不在意。

小鑫到底是怎么了？又是什么原因导致他出现现在的状况？经医生诊断，小鑫是患上了儿童孤独症。

儿童孤独症是一种多发于婴幼儿时期，因精神和心理发育障碍引起的疾病，它严重影响儿童的感知、语言、智能、情感等能力的发展，导致患儿犹如天上的星星一样，每天都孤独地沉浸在自己的世界里，因而也被人称为"星星的孩子"。患儿渐渐地失去与周围人群的适应能力，最终导致性格成长的扭曲。另外，儿童孤独症还可能影响是患儿的视觉、听觉、触觉，患儿对于外界的刺激表现出迟钝或敏感。

在当今社会儿童孤独症是一种多发疾病，它发病年龄主要在两周岁左右，并且男孩患病概率大于女孩。儿童孤独症的症状主要有：言语障碍，患儿症状主要体现在平时很少主动与周围人交流，并且对于周围人有种"恐惧"的状态,整天沉默寡言,异常的安静;情感冷漠,对于父母朋友的感情没有回应,神情低落;喜欢独处,对于周围发生的事情没有兴趣,主观没有参与的意愿,并且表现出"逃避"的状态;语言能力缺乏,患儿不善于且不主动与人交流,会用一些肢体语言来表达自己的内心想法,表现出"懒惰"的状态;智力低下,多数患儿智力较常人低下,患儿平时会把自己的感情倾注于如一个毛绒玩具,一个杯子,并产生依恋的神态,平时会把它们作为倾诉的对象,较家人,患儿更喜欢选择跟它们说话。

儿童孤独症的病因至今尚无定论,但较为明确的是不大可能由心理、社会因素引起,可能与遗传因素、器质性因素以及环境因素有关。有资料表明至少有一部分病因与遗传有关,患儿家族中患孤独症和语言障碍的概率较正常人群高;脑损伤、母孕期风疹感染等器质性损伤也可能导致儿童孤独症。有人认为幼时生活单调,缺乏适当的刺激,没有社会行为,是发病的重要因素。

据不完全统计,我国现在儿童孤独症的患儿有60多万,平均1000个孩子中就有4个儿童孤独症患者,并且每年还在以上升的趋势增长。目前我国还没有成形的治疗方案,心理治疗是目前采用最多、最有效的方法。

家长如果发现孩子有以上的状况应尽早采取措施,6岁以前为治疗的最佳时期。家长可以尝试干涉教育的方式,比如花更多的时间陪陪孩子,例如讲故事、做游戏等让孩子通过故事、游戏等活跃思维并主动表达他们内心的想法,每天跟他们谈谈一天的所见所闻,了解孩子思想的变化,平时多注意发现并培养孩子的兴趣,让孩子的好奇心得到肯定。另外可以采用药物、针灸等方法。做父母的对于孩子要善于表扬,而他们做错事要耐心地解释,让他明白什么是错的,怎样才能避免,以后应该怎样做,过分惩罚会导致抵触而不与父母交流。

##  怀疑癖：樱桃到底是什么颜色的

有一次，鹏鹏家来了一个客人。妈妈端出了樱桃来招待她，这位客人拿起一颗樱桃，逗鹏鹏："鹏鹏告诉阿姨，这个樱桃是什么颜色？"鹏鹏犹豫了半天，还是没敢说出是什么颜色，只是一直看妈妈。妈妈催他快说，于是他怯怯地问："妈妈，是红色吗？妈妈，我不知道，你告诉我吧！"

这个孩子为什么如此不自信呢？即使自己清楚地知道樱桃是什么颜色，仍然要向妈妈来寻求所谓的"正确答案"呢？在现实生活中，为什么总是有人喜欢依赖于他人，让别人来做决定呢？

其实是这些人害怕犯错误，一直在逃避可能出现的不良后果。在这种心理状态下，他们一步一步地跟在别人后面，直至变成一个没有主见、完全依赖他人的人。其实这是一种心理病态，被称作"怀疑癖"。怀疑癖的最明显症状就是不能独立做决定，同时当事人也会陷入深深的痛苦之中。

在一家专治神经错乱的医院里，有这样一位怀疑癖的病人。他喜欢一遍又一遍地检查垃圾桶，这是为什么呢？原来他是担心有价值的东西被忘在了垃圾桶里。甚至在他决定要带走垃圾的时候，还会拎着垃圾爬上楼梯，挨家挨户地敲门，询问各家各户的垃圾桶里是否有值钱的东西，直到确信没有后才能离开。但是过一会儿，他又会返回来，再次确认垃圾桶里是否有值钱的东西。人们只能反反复复地告诉他："垃圾里没有任何值钱的东西，你可以放心了。"他终于决定离开了，仿佛已经放心了。可是过了一会儿，他又回来了。他再次询问:"我真的可以放心了吗?"人们只有再次告诉他:"你确实可以放心了!"但是他无论如何都不肯相信,直到他妻子出现并把他强行拉走。

上面的例子是怀疑癖的极端案例。其实这种情况在日常生活中并不少见,只是程度有深浅而已。比如,一个人准备出门,当他锁门之后,会下意识地将锁摇动几下,更有甚者会在走出十几步之后折回来,重新拽一下锁,检查自己是否真的把门锁上了。虽然他清楚记得自己已经锁上了门,但是他仍然不能相信自己。这种情况在小孩身上也很常见,许多孩子在睡觉前都会检查一下床底是否有猫、狗或者昆虫之类的东西,其实这也是怀疑癖的一种表现。

家长们总是喜欢用命令的口吻和自己家长的地位来强行要求孩子要这样做,不能那样做。我们总是从自己的角度出发,告诉孩子什么是正确的,什么是错误的。其实正是在这样的殷切关怀和教育下,我们毁灭了孩子自己做决定、做判断的能力,把孩子变成了教育的牺牲品。所以,家长们要警惕这种一方面期待孩子长大,另一方面却又在压制孩子长大的行为,时刻提醒自己孩子是一个独立的人,他们有自己的思想和想法。家长不要把自己的思想强行塞进孩子的脑子里,让他们丧失自己的思考和做决定的能力。

## 强迫症:不断洗手的孩子

军军上小学三年级,学习成绩优秀,平时也很乖,不淘气,爸爸妈妈一直很放心。可是大概从一年前开始,妈妈发现,军军好像太爱干净了:每天要洗手几十次,说手上脏,沾了灰尘、细菌等;明明衣服刚穿上没多久,就非得让妈妈给洗,洗好晾干后还要再洗一次;他的东西别人碰到了就立刻扔掉;书也不看了,怕书上有脏东西;整天觉得周围很脏,精神紧张,连学校

也害怕去。妈妈很担心，带军军去医院咨询，医生经详细诊断，认为军军患有强迫症。

强迫症是一种明知不必要，但又无法摆脱，反复出现的观念、情绪或行为，是一种较常见而且较顽固的心理障碍。患者虽然意识到这些观念、意识、行为是不必要的或毫无意义的，但就是难以将其排除。

有数据统计发现，有半数成年强迫症患者起病于儿童时期。儿童强迫症多见于10～12岁的儿童，患儿智力大多良好，通常特别爱清洁，多数性格敏感、胆小害羞、谨慎、办事刻板、拘谨、要求完美。

但是，这也并不是说孩子出现重复行为就是得了强迫症，正常的儿童在其发育阶段，也可能会出现一些类似强迫的现象，比如走路的时候踢小石子，不受控制地碰触周围一些东西等习惯性动作。然而，这些动作没有痛苦感，不伴随有任何情绪障碍，对儿童正常的生活和学习没有影响，而且会随着年龄的增长而自然地消失，所以，这些都是正常的现象。

强迫症患儿除上述情况以外还有其他强迫性症状，主要为强迫行为和强迫观念。其症状表现也多种多样，比如强迫性计数，反复数路灯、电线杆、吊灯、图书上人物的数目等；强迫性洁癖，反复洗手、反复擦桌子、过分怕脏等；强迫性疑虑，反复检查门窗是否关好，反复检查作业是否完成，反复检查东西是否摆放整齐等；强迫性观念，反复回忆某些事物，反复考虑一些无意义的问题等。

强迫症患儿的强迫行为多于强迫观念，而且年龄越小这种倾向越明显。通常，患儿并不会对自己的强迫行为感到苦恼和伤心，只是刻板地重复强迫行为而已。如不让患儿重复这些动作，他们反而会感到烦躁、焦虑、不安，甚至发脾气。

引发儿童强迫症的原因有很多，一般认为与儿童的气质类型、父母的性格影响、教养方式、精神因素等有关。患儿性格大多敏感内向、胆小拘谨、不活泼、行为古板；父母性格过分谨慎、缺乏自信、优柔寡断、过于克制自己，有洁癖、强迫行为，也会对儿童造成一定影响；父母对孩子过分苛求、管教严厉、责骂过多,也可诱发本症的发生;孩子患严重疾病、受到突发事件刺激、精神长期处于过度紧张状态等,也可能成为该症的诱因。

对儿童强迫症的治疗应以心理治疗为主。家长要注意纠正自己的不良性格,如特别爱清洁、过分谨慎、优柔寡断等,控制自己的焦虑情绪,以乐观积极的态度给孩子树立榜样。平时要注意不宜过度压制孩子的行为,要给孩子一定的自由空间。帮助孩子树立自信心,鼓励孩子对自己要有正确的评价,创造条件让孩子多获得成功,同时也要让孩子了解到,凡事不可能尽善尽美,总会有一些困难出现。培养孩子多方面的兴趣爱好,转移孩子的注意力,鼓励孩子多参加集体活动、多交朋友。当孩子出现强迫现象时,指导孩子用意念努力对抗强迫现象,放松心情,告诉孩子这些行为没有意义。也可用行为对抗疗法帮助孩子矫正,如拉弹手腕上的橡皮圈,来对抗强迫现象,经过训练,逐渐减少拉弹次数等。如果孩子强迫症状比较严重,则需要在医生指导下,辅以药物治疗。

## 不正常的占有欲:丧失自我的"物质小奴隶"

玲玲今年两岁了,长得粉雕玉琢,又漂亮又可爱,非常受大家的喜爱。这天,妈妈的同事带着小女儿到家里做客,妈妈拿玲玲的毛绒小熊给小姑娘玩。谁知道,玲玲一见,马上跑过来,一把抢过来,大声地喊:"这是我的!"妈妈又拿来玲玲早就丢在一边的小汽车给小客人,玲玲又抢了过去,紧紧抱在怀里,就是不松手,妈妈让她拿出来,她就放声大哭。妈妈觉得很丢脸,客人走了以后,妈妈狠狠地批评了玲玲。之后,妈妈又很担心,玲玲的占有欲这么强,以后怎么跟别人交往?

其实,玲玲的妈妈不用担心,玲玲的"占有欲"是这个时期孩子的正常表现。

这种"占有欲强"的现象在一岁前和三岁后的孩子中较为少见。因为一岁前的儿童，以个体活动为主，自我意识发展不够，还不能区分自己和客体的区别，可能会抢玩具，也可能会主动给别人。而三岁以后的儿童，自我意识已有一定发展，能清楚地区别主体和客体的关系，而且头脑中已经有了"我的""你的""他的"概念，懂得玩别人的玩具需要借。

但是，儿童在十八个月到三岁期间有一个非常核心的任务，就是自我意识的建立。这期间儿童会非常积极地全副身心投入自我意识的构建当中，这是儿童意识发展的一种本能。

这个阶段孩子的典型表现是占有欲很强，把"我""我的"挂在嘴边，时刻都特别关注自己的物品的所属权，会跟别的小朋友争抢玩具，喜欢把属于自己的东西寸步不离地带在身边。

在该时期的儿童眼中，在他周围的一切，凡是他所看见的，都是属于他的，他通过对物品专属的占有权，通过不断地宣示"我""我的"，而建立起强烈的自我意识，通过对物品的占有，巩固自我认同并增强安全感。

在此期间，一旦有别人侵犯了属于他的东西，比如玩具等，他就一定要争抢回来，不达目的绝不罢休，即使是价值微乎其微，甚至是他已经丢弃的玩具。这是因为，儿童在建构他的自我意识的过程中，已将"我的"物品视为他自身的一部分，当其他的小朋友触动到属于他的玩具，孩子将会感受到如同自身被侵犯般的痛苦。

从另一方面来说，孩子的占有欲强代表他自我认同感提升，这也是个好现象。家长在遇到孩子独占、争抢东西时，不要简单地归咎为孩子自私自利，采取简单粗暴的教育方式，也不宜在孩子哭闹时马上满足，否则孩子会以为只要哭闹就能得到满足。要尊重孩子在这个阶段的心理需求，帮助孩子成为一个自信、独立，且稍长后即懂得分享的人。

不要强迫孩子分享。这种做法将使孩子觉得连父母都想抢走他的东西，孩子在表面上不得已接受父母的做法，但是由于自我意识建立不完全，会促使他占有欲更强。家长要尊重孩子的自我意识，接受并善加引导。

承认孩子的所属权。家长应该给孩子明确的支持，比如带着孩子在室内走走，并告诉他，哪些是专属于他的东西。同时也要明确告诉孩子有些东西不属于他，可以先从身体开始，告诉孩子："这是妈妈的眼睛，不是宝宝的。"帮助孩子早日建立所有权的概念。

培养孩子分享的好习惯。教导孩子学会分享，比如给家人买东西时每人一份，帮助孩子发现分享的快乐，减轻独占的心理。教会孩子交换、借与还的概念，比如拿苹果跟孩子换梨子。

树立榜样进行暗示。在别的孩子表现出分享行为时，要进行夸奖，大加赞扬，鼓励孩子向他们学习，孩子肯定也不甘落后。也可以通过讲故事来暗示孩子，比如大方的小猫咪咪很受大家欢迎，小气的狐狸大家都不喜欢，没有朋友等。

家长在面对孩子的"占有欲"问题时，要做好细致耐心的工作，帮助孩子培养自我意识。

# 第九章

## 怎样说孩子才会听，怎样听孩子才会说

积极倾听，永远都是沟通的第一步

妈妈唠叨得越多，孩子听得越少

"听话教育"压迫着孩子的心灵

妈妈遇事多商量，孩子遇事不隐瞒

南风效应：温暖的沟通法最得孩子心

做"听话"的妈妈，尊重孩子的说话权

##  积极倾听,永远都是沟通的第一步

一位著名的心理学家认为,父母让孩子通过语言把所有的感情都表达出来,不管是积极的还是消极的,这是对孩子最大的保护。

从孩子的角度来看,他们总是希望父母能与他分享快乐、分担悲伤,而父母却往往最喜欢孩子"报喜不报忧"。长此以往,孩子就会对父母失望,将坏心情埋在心里。当消极情绪找不到发泄和化解的渠道时,积累到一定程度就可能突然爆发,变成一种对抗情绪。这种对抗情绪会严重损害家庭关系。

其实,不管是大人还是孩子,只有感觉到对方真正理解自己的想法时,才能听得进对方的话。所以父母想要引导孩子形成健康的心理,首先要确定自己确实了解孩子的真实想法,要真正了解孩子的想法,父母首先要做的是积极倾听孩子的话,确定自己没有误解孩子的想法,而且耐心地倾听孩子的话也表示了对孩子的尊重。

一位母亲问她5岁的女儿:"假如妈妈和你一起出去玩时渴了,又找不到水,而你的小书包里恰巧有两个苹果,你会怎么做呢?"

女儿想都没想,就说:"我会把每个苹果都咬一口。"

虽然知道孩子还小,但是母亲听到这样的回答,心里还是很失落。她本想对孩子训斥一番,然后再教孩子该怎样做,可是就在话即将出口的那一刻,她突然改变了主意。

她握住孩子的手,满脸笑容地问:"宝贝,能告诉妈妈你为什么要这样做吗?"

## 第九章
### 怎样说孩子才会听，怎样听孩子才会说

女儿眨眨眼睛，满脸童真地说："因为……因为我想把最甜的一个留给妈妈！"

那一刻，母亲的眼里隐隐闪烁着泪花，她在为女儿的懂事而自豪，也在为自己认真听了女儿的话而庆幸。

耐心听孩子把话说完，是一种积极的倾听，但是积极倾听并不是指默默地在一边单纯地听对方说话。积极倾听的核心是以平等的姿态鼓励对方说出真心话。倾听者要暂时把自己的评判标准放在一边，不管你对对方的语言或行为持赞成还是批判态度，都要无条件地接纳对方。积极倾听更多的是关注对方的心理，而不是话语。积极的倾听不仅要感同身受地去体会对方的心情，还要引导对方抒发情绪，宣泄那些不满、愤懑、悲伤、快乐、喜悦……

妈妈大多数在生活上非常关心孩子，但是在真正平等地对待孩子方面做得往往很不够。孩子在向妈妈诉说时，不是经常被打断，就是不被重视，甚至还可能遭到指责。这种情况下孩子只能把话咽回去。有时，妈妈只是机械地听孩子诉说，体会不到孩子在倾诉时的情绪，这种情况下，孩子的想法得不到妈妈的重视，他们也会渐渐地把自己的秘密埋藏在心里，做妈妈的就很难知道孩子的所思所想，长此以往，妈妈对孩子的教育就会感到无所适从。另外，妈妈如果不尊重孩子的说话权，那么孩子就会从心理产生反感和想要与之抗衡的情绪，进而导致亲子沟通出现问题。

那么怎么做才是积极的倾听呢？首先一定要做出听的姿势，一定要与孩子平视，不要给孩子居高临下的感觉。身体要向前倾，表示自己对孩子所说的话很感兴趣。另外，不要在自己和孩子之间制造障碍，家长喜欢双手抱着胳膊，或者边翻书边听孩子说话，这些对孩子来说都是一种障碍。此外，一定要看着孩子的眼睛，用眼睛来告诉孩子你很期待与孩子的交流。

在谈话中最扫兴的就是别人说"我早就知道了"。孩子刚刚开始说话，家长一句"知道了，知道了"，一下子就把孩子谈话的兴趣浇灭了。

对孩子倾诉行为的最好鼓励就是让孩子知道他所说的每一句话，你都认真听到了。这时候你可以用表情来传达自己认真听的状态。比如保持微笑，而且

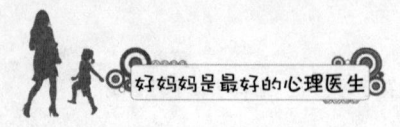

时常做出吃惊的样子。孩子最爱"大惊小怪",他喜欢看到大人对自己说的事情表现出吃惊的表情,因为这说明他很有本事。

很多青春期的孩子往往不喜欢听妈妈说话,更不愿向妈妈倾诉心事。但是如果他们向你谈起自己的心事时,请千万要耐心、感同身受地去倾听。因为这说明他正在努力向妈妈敞开心扉,试着缩小与妈妈的心理距离。当他们说出曾经所受的伤害时,就应当接受、去理解,并且积极寻找能够治疗这些"伤疤"的方法。

试想,如果事例中的妈妈训斥了孩子,那么她很可能听不到孩子的内心想法了,这样的误解不仅伤害了孩子的心灵,也会破坏良好的亲子关系。其实,很多时候,妈妈多有点耐心听孩子把话说完,就能得到完全不同的效果。

## 妈妈唠叨得越多,孩子听得越少

小博从小身体就很弱,所以妈妈总是非常担心他的健康。每天早晨一起床,妈妈就开始了唠唠叨叨:"小博,多吃点饭,这样身体才能好!""小博,今天天气冷,多穿点衣服,别感冒了!""小博,外面刮风了,别忘了戴上帽子!""小博……"终于有一天,小博生气地对妈妈说:"天天就是这些话,烦不烦啊!"说完背起书包夺门而出。妈妈则是眼泪汪汪,觉得十分委屈:"我这不都是为了孩子好吗?孩子怎么能这么说我?"

实际上父母过多的叮咛,并不能起到预期的效果,反而会因为过于"唠叨"使孩子感到不耐烦而听不进去,或者听得太多感到麻木,这都是因为产生了"超限效应"。

心理学上,机体在接受某种刺激过多的时候,会出现自然而然的逃避倾向。这是人类出于本能的一种自我保护性的心理反应。由于人的这个特征,在

受到外界刺激过多、过强或者作用时间过久的时候，会使人感到极不耐烦甚至产生逆反情绪。这种心理现象就叫作"超限效应"。"超限效应"提醒家长们：人的心理对任何刺激通常都会有一个承受的极限，如果超过了这个极限，就会向相反的方向转化，也就是我们常说的"物极必反"。

当父母批评孩子的时候，应该记住：孩子犯了一次错，只能批评一次。如果需要再次批评的时候，要注意换个角度，用不同的话语去提醒孩子，这样才不会让孩子觉得同样的错误被父母"穷追不舍"，也不会因此对父母的说教感到厌烦。如果对于一个错误，父母一次、两次、三次，甚至四次五次地做出同样的批评，就会使孩子原本感到有些内疚不安的心情转变为不耐烦，最后发展到反感至极，甚至出现"我偏要这样做"的逆反心理。

为了避免批评时的"超限效应"，父母在教育孩子的时候要注意：订立规则。如果孩子违反规则一次、两次，可以批评，但如果仍旧违反，就要根据规则采取一些惩罚性的措施，不能只说不做，否则也会降低父母在孩子心中的威信。

有些父母可能认为，对孩子批评多了不好，那多表扬肯定没错了吧？其实表扬也同样存在着"超限效应"。表扬太多，会让孩子觉得父母是在哄自己，名义上是表扬，实际上是在提醒他这些方面做得不够好，要多注意。于是孩子一听到类似的表扬，就会感到不舒服。

还有些父母喜欢对孩子进行过多的大而空的说教。孩子即使认为父母的话在理，也会由于在短时间内遭受集中"轰炸"而感到难以承受。这也是许多青少年爱和父母犟嘴的原因。

从上面的内容可以看出，无论是批评还是表扬，甚至只是平时的教育，父母都应该掌握好"度"。任何事情如果过度，就会产生"超限效应"；如果程度不够，又达不到既定目的。所以只有掌握好火候分寸，做到恰到好处，才能得到理想的教育效果。

##  "听话教育"压迫着孩子的心灵

"不能听从自己内心的声音",这是很多成年人都有的通病。如果究其根源,那么多数都能追溯到童年时期。孩子天生是不会在乎别人眼光的,他们来到这个世界,无知无畏。如果一个人在幼年时期从来没有自己做过主,长大后必然毫无主见。在童年时期,成人如果给过孩子太多的不客观评价,会导致孩子丧失客观认识和评价自己的能力,依赖于外界对他的评价。如果成人压制了孩子的很多正当需求,就等于剥夺了孩子身体和心灵的自由,令孩子失去独立自主的能力。

随着自我意识的发展,大约在两岁的时候,孩子开始进入了人生的第一个叛逆期。这个时候妈妈可能会发现,一直很听话很温顺的孩子突然学会和大人顶嘴了,突然懂得对大人提出的要求说"不"了。他们试图做自己的主人,不愿意别人对他指手画脚,这正是孩子走向独立自主的开始。

不过遗憾的是,并非所有的家长都能明白,顶嘴反抗从某种程度上讲是孩子成长的标志,是值得替孩子感到惊喜的。相反,很多家长会觉得这是孩子在挑战自己的权威,如果自己不"摆正"孩子态度的话,那么以后就会在孩子面前失去家长的尊严和威信,于是开始变本加厉地想要给孩子"拨乱反正",因为似乎只有如此,他们才会感到自己作为家长的存在感。这种想法以及做法,可以说是极其自私的,是违背孩子发展规律的,长此以往,轻则会令孩子叛逆不安,重则会令孩子产生人格上的缺陷。

一天,一位妈妈带着三岁的儿子去附近的公园玩。看见别的孩子都在蹦蹦床上蹦蹦跳跳，妈妈便鼓励儿子也去玩。但是，孩子看到那里有些大孩子蹦起来很高，便不敢去了。这位妈妈觉得很丢脸：别人家的孩子敢玩，我的儿子为什么不敢呢？于是就鼓励他说："不怕，上去和大哥哥一起蹦蹦，很好玩的！"可孩子还是不敢，纹丝不动。

这下妈妈有些心急了。她不管儿子怎么想，就给他脱了鞋子，把他抱到蹦蹦床上。蹦蹦床上因为有很多孩子在蹦跳，自然弹个不停，儿子一下子被吓哭了。妈妈更急了，她绷起脸对儿子说："你今天不跳我就走了，不要你了，把你扔在这里！"结果，儿子的哭声越来越响，不过妈妈根本对他置之不理。过了一会儿，孩子也许看到了妈妈的态度很严厉，只好放低哭声，慢慢站起来扶着蹦蹦床的边沿走动。妈妈觉得自己成功了，便高兴地想要奖励儿子一番。回家路上，她给儿子买了一个他很早就想要的玩具车。可是，当这位妈妈把车送到孩子手上的时候，孩子却一下子把车扔到妈妈的身上。

每个孩子的个性是不同的，素质也不同。如果妈妈忽略了孩子的个性特征和能力，一味地把自己的意志强加给幼小的孩子，这就是一种任性。就像上面事例里的这位妈妈，她强迫才三岁的孩子一定要在蹦蹦床上和大孩子一起玩，这在她看来是培养孩子的勇敢精神，但对于孩子来说这就是一种恐惧和折磨。

在孩子小的时候，妈妈的任性可以逼迫孩子去做一些事，孩子也会顺从妈妈的意志。但当孩子长大一些以后，妈妈的任性往往会培养出更加任性的孩子，他们会叛逆、会反抗、会通过各种或对或错的方式追求自己的尊严。而在这个过程里，孩子就难免会走上一条弯路，做出伤害自己或是伤害他人的事。

如果妈妈们能够换位思考一下，不妨想一想自己小的时候，是不是也特别不希望家长干涉自己的事情呢？其实，只要孩子要做的事情不妨碍别人、不伤害自己、不破坏环境，就应视为合理要求，尽管去做，不需要征得任何人的同意。但是，如果某件事情违背了上面的这些原则的话，那么妈妈就要坚决制止，并一定要对孩子说出拒绝的理由，而不是用妈妈的权威去"无理"压制孩子。

当然，这其中最为关键的是，妈妈要在意识上明确这一点：每个孩子都是独立于我们的个体，不是我们的附属品，孩子获得自由和自主的权利是他们天生的权利，而不是父母或任何人赋予的。

## 妈妈遇事多商量，孩子遇事不隐瞒

葛莹是一个喜欢与孩子协商的妈妈，对此，她非常自豪，她曾经在日记里写道：

我的女儿从没撒过谎，因为她不必撒谎。在家里可以无话不谈，就是说得不好，也不会受到指责。我习惯和女儿商量她的事以及家里的大小事。我们经常坐在一起聊天，而且我们的观点竟是如此接近，很少有意见相左的时候。

"商量"这个词，在母子、母女之间的使用率一般是不高的，而我们却是将其当作准则。面对任何事情，我从不摆母亲的架子，她也不使独生女的性子，商量的格局便形成了。在孩子很小的时候，这就已经约定俗成。比如她看中了一个玩具，我觉得不妥，便和她商量可不可以不要，强压她可不服，糊弄缺乏诚信，商量则是最佳的途径。更奇怪的是，孩子一般都能接受，并且欢天喜地地放弃初衷。

我家里的抽屉都没有锁，女儿可以翻看任何东西，可以随便拿钱。她很小的时候就尽知家底，我也不对她保密。信任是家庭宽松环境的重要因素。

我内心的不快也愿意向女儿透露，我拿不定主意的事情乐于征求她的意见，她还小的时候我便将诸如选择购房这样重大的事情和她商量。

孩子是一个独立的世界，这个世界蕴藏着极大的潜能。潜能的开发，不仅

## 第九章
### 怎样说孩子才会听，怎样听孩子才会说

需要个人的努力，也需要父母的尊重、赏识和肯定。有了这样的认识，父母在遇到事情的时候才能够相信孩子，与孩子商量。商量的魅力在于，它可以使自己学会从别人的角度思考问题，并且让孩子感觉到自己被别人尊重，同时，孩子也学会尊重别人和用商量的方法对待父母和朋友。

英国教育家斯宾塞说过：对孩子要少下命令，命令只有在其他方式不适用或失败时才用。要像一个善良的立法者一样，不要因为去压迫人而高兴，而要因为用不着压迫而高兴。

两代人的沟通，最重要的是相互理解、相互尊重。而实现相互理解、相互尊重的方法就是学会商量。如果妈妈喜欢与孩子商量，孩子就会非常乐意与妈妈交流，反之，孩子则会产生逆反心理，封闭自我。

学会与孩子商量，在子女的教育中还有更为重要的一个方面。那就是对孩子提出的要求，我们不能满足或不应满足时，我们不应粗鲁而简单地拒绝，而是要学会与孩子共同商量。这不但可以增加相互的理解，也可以避免一些无谓的争吵，更重要的是它可以教会孩子在社会上怎样与人共事。

每一个孩子都会出现与妈妈意见不一致的情况，孩子们都希望妈妈能够尊重自己的意见。如果妈妈忽视了孩子的主观能动性，一味地用妈妈的威严来压制孩子，孩子即使口头上同意了，内心也无法产生努力的动力，在这种情况下，孩子感觉简直就是受罪，怎么还可能与妈妈和睦共处呢？

喜欢与孩子商量的妈妈都是民主的妈妈。在这样的家庭氛围中，孩子渐渐会养成民主的习惯，都愿意主动与妈妈进行沟通，这样的亲子关系是非常令人羡慕的。那么，妈妈应该怎样运用商量来促进亲子关系呢？

1. 孩子的事情一定要与孩子商量。随着孩子的成长，孩子的事情一定要放手让他自己去选择，妈妈不可替孩子包办一切，即使妈妈有自己的想法，也要通过商量的方式，把自己的意见传达给孩子，让孩子权衡利弊后再做出自己的选择。

2. 凡事都要学会商量。不管什么事情，尤其是涉及孩子的事情，妈妈都不要自作主张，要学会与孩子商量，取得孩子的同意和认同。

3. 多些商量，少些命令。妈妈不管要求孩子做什么事情，一定要用商量的

口吻,而不要用命令的口吻。比如,提醒孩子不要看电视时,你可以说:"你现在是不是该做作业了,做完作业可以再看会儿电视。"而不要简单粗暴地说:"别看电视了"或"没做完作业看什么电视"。商量的语气对孩子来说非常重要,因为商量的语气代表着你尊重孩子,关心他的感受,孩子进而会对你产生好感和信任,这对促进亲子沟通非常有效。

总之,妈妈要学会与孩子商量,这样不仅可以增加相互之间的理解,避免许多无谓的争吵,还能够教会孩子为人处世,促进孩子健康成长。

## 南风效应:温暖的沟通法最得孩子心

法国作家拉封丹写过一则寓言,北风和南风相约比武,看谁能把路上行人的衣服脱掉。于是北风便大施淫威,猛掀路上行人的衣服,行人为了抵御北风的侵袭,把大衣裹得紧紧的。而南风则不同,它轻轻地吹,风和日丽,行人只觉得春风暖在身上,始而解开纽扣,继而脱掉大衣。北风和南风都是要使行人脱掉大衣,但由于态度和方法不同,结果大相径庭。

这则寓言反映出这样一个哲理:即使出于同样的目的,采用的方法不同,最后导致的结果也会不同。心理学将这一哲理称为"南风效应"。

南风效应告诉了我们一个道理:温暖胜于严寒。这也就是说,妈妈在教育孩子时,要特别讲究教育方法,如果你总是对孩子横加指责甚至体罚,就会令你的孩子把"大衣裹得更紧";而如果你采用和风细雨的"南风"式教育方法,那么你会轻而易举地让孩子"脱掉大衣",达到你的教育目的,收到更好的教育效果。

有个初三的女学生深深地爱上了她的男同学而不能自拔,于是给他写了

一封热烈的情书，没想到却被老师知道了。老师把这件事连同那封情书交给了女孩的妈妈，女孩既感到无地自容，又感到恐惧万分。

她硬着头皮回到了家里，可没想到妈妈并没有什么异样。女孩心里忐忑极了，她一晚上都在偷偷观察着妈妈，可最终也没发现妈妈有什么不寻常的变化。等到临睡之前，她的心终于稍微放松下来了，她随手翻起了放在桌子上的小说，却发现那封情书就夹在里面，另外还有一张妈妈的字条："今天老师把这个交给了我，现在妈妈把它还给你。妈妈相信你可以自己处理好这件事情，相信你能权衡好感情和学业孰轻孰重。晚安，宝贝！"

俄国思想家别林斯基说过："幼儿的心灵最容易受到各种印象的影响，甚至最轻微印象的影响……常常受到强烈的惩罚而变得粗暴的人，会残忍起来，冷酷起来，不知羞耻，于是连任何惩罚对于他都很快变得无效了。"的确，长期生活在北风式教育方式下，孩子可能会走向两个极端，要么对许多事情失去兴趣，给自己和他人造成伤害，要么不敢寻求独立，成为父母和老师眼中的"好孩子"。这样的孩子走上社会后，要么缺乏解决问题的能力，不敢承担人生的责任，要么缺乏自信，一生唯唯诺诺，活不出自己。

孩子都有本能的自我保护意识，他一旦发现妈妈想要教育他，就会扣上心灵全部的纽扣，把整颗心都封闭起来，进行紧张的心理防范。如果妈妈能从孩子的心理出发，消除被教育者——孩子的对立情绪，创造心理相容的条件，就能顺利开启孩子的心理围城，脱去他紧护心灵的外衣，敞开心扉。

因此，妈妈要时刻谨记：家庭教育中采用棍棒、恐吓之类"北风"式教育方法是不可取的。实行温情教育，多点人情味的表扬，培养孩子自觉向上，才能达到事半功倍的效果。

 ## 做"听话"的妈妈,尊重孩子的说话权

露露是小学四年级的学生。最近,张老师发现原本活泼开朗的露露变了。

露露以前爱说爱笑,上课积极发言,现在却变得沉默寡言,总是一个人发呆,学习成绩也下降了。老师经过细心地了解,她终于知道了露露不爱说话的原因。

露露以前很活泼爱说话,每天放学后,都会把学校里发生的趣事说给妈妈听,可露露的妈妈是个对孩子要求非常严格的人,她几乎把全部希望都寄托在露露身上,希望露露将来能考上一所好大学,出人头地。也正是这个原因让妈妈对露露的学习抓得特别紧。妈妈觉得露露说的这些话都没用,简直就是在浪费时间,所以每当露露正说得高兴的时候,妈妈总是会不耐烦地打断他:"整天只会说些废话,这些话有用吗?一点用也没有!你把这心思放在学习上多好,快去做作业!"最近一次露露说班里发生的一件事,正说得兴高采烈时,妈妈忽然凶巴巴地说:"说了你多少次了,让你别说这些废话,你还说,如果你以后再记不住,看我不打你!"吓得露露一个字也不敢多说,灰溜溜地逃回了自己的房间。

慢慢地,露露在家里话越来越少了,每天放学都闷在自己的房间里,因为妈妈不让她出去玩。渐渐地,露露的性格也就变了。

从露露的情况来看,亲子之间的沟通是影响亲子关系和塑造孩子性格的重要方面。许多父母都忽视了与孩子的交流,不重视倾听孩子的想法。也许短时间内,父母还会沾沾自喜,认为孩子变得乖巧听话了,但是时间久了,对孩子产生的不良影响就会表现出来。

父母不让孩子把话说完，一方面不利于孩子语言表达能力的发展，另一方面也使孩子产生自卑情绪。让孩子对着爸爸妈妈诉说内心的感受，是提高语言表达能力、增强社会交往能力的绝佳机会。

每个孩子都渴望有人能听自己说话，在大多数的情况下，如果孩子与父母不能沟通，那就是因为每个人都在说话而没有人听。如果家长们能多尊重一下孩子的说话权，对孩子的倾诉多一点耐心，不急于打断孩子的话，那么孩子遇到事情时就会乐于向父母倾诉，同时与父母建立良好的沟通关系。

如果你发现自己与孩子不能进行良好的沟通，那么请你看一下自己是否有以下的行为：

第一，不注意孩子倾诉的需求，当孩子有话与你说时，总是以"忙"为由，不去倾听。

第二，孩子兴致勃勃地诉说时，你经常不耐烦地将其打断。

现实中，大多数妈妈在生活上都对孩子十分关爱，可是在真正平等地对待孩子、尊重孩子等方面做得却很不够。

当孩子在学习和生活上遇到什么问题向妈妈诉说时，稍微不顺妈妈的意，话就可能被强行打断，有的时候还可能会换来一顿斥责，甚至打骂。面对拥有强权作风的妈妈，孩子们只能把话咽回去。据一项调查表明，70%以上的妈妈承认没有耐心听孩子说话。

孩子的说话权得不到妈妈的尊重，久而久之，孩子就会与妈妈产生对抗情绪，以至双方相互不信任，沟通困难。孩子的想法一旦得不到妈妈的重视，他就会把自己的秘密埋在心里，做妈妈的也就很难再有机会知道孩子的所思所想，这样教育孩子的时候也会感到无所适从。

为了避免这种情况的发生，当孩子说话时，妈妈无论有多忙，一定要温柔地注视着孩子，不要随意插嘴，尽量表现出你听得很有兴趣的样子，让孩子能够完整地发表他的观点。如果你在某一重要原则上表示不同意他的看法，应该明确地告诉孩子你不同意他的什么观点，并说出理由。此外，在提出反对意见时要注意态度，不要过于武断，也不应该否定一切。即使孩子是在胡说八道，

也要控制自己的脾气,不能妄下定论,直到确定自己完全理解清楚后再说出自己的看法。

妈妈应该尽可能多地与孩子交流,而且应该试着用不同的方法使孩子愿意跟妈妈交流。妈妈在倾听孩子说话时,应该更加富有同情心和耐心,应该努力地尊重孩子,从孩子的角度分析问题和解决问题,这样才能营造出更加友好的语言氛围。

同时,妈妈应该学会正确"听话",在听的过程中不责备、不打岔、不否定,以便孩子可以畅所欲言,也便于妈妈看清孩子的内心世界,并在此基础上创造出更多与孩子交流的机会。

每个孩子都有自己的想法,需要有个会"听话"的妈妈来倾听。妈妈只有尊重孩子说话的权利,积极做个会"听话"的妈妈,才能够有机会了解孩子的想法和感受,亲子之间才能良好沟通,并建立和谐的亲子关系。

# 第十章
# 有意识地锻炼孩子的心理承受能力

你的孩子是不是个"瓷娃娃"

增强自我认知能力,坚强面对挫折

世界"不公平",心情要平静

正确看待挫折教育

鼓励孩子从失败中吸取教训

让孩子尝到坚持的果实

## 你的孩子是不是个"瓷娃娃"

不少妈妈认为,儿童年龄小,心理承受力差,只能接受良好的环境,并且以为"挫折"只能给孩子带来痛苦和紧张,所以把挫折看成是有百害而无一利的事情,无形之中孩子就被妈妈培养成了碰不得的"瓷娃娃"。其实,心理学家研究发现,让孩子从小就遭受一些挫折是很有好处的。作为孩子心目中偶像的妈妈,应正确地看待挫折的教育价值,把它看成是磨炼意志、提高适应力和竞争力的有力武器。

霍英东找到的第一份工作,是在一艘旧式的渡轮上当加煤工。可是他的身体实在太单薄了,顾得上铲煤就顾不上开炉门,刚上班就被辞退了。不久,霍英东找到了第二份工作,日本占领军扩建启德机场,需要大量劳工,但工资非常低,每天只给半磅(1磅≈0.45千克)米和七角五分钱。而霍英东从他家所在的湾仔乘车到机场,路费就得八角钱!霍英东没有办法,只好多吃苦步行,省下这笔交通费。

他每天天不亮就起床,步行赶到码头,花一角钱渡过海,然后骑车赶到机场上班。劳工们干的都是苦力活,挖石抬土,消耗很大,但食物却很少,一天只能吃到一碗粥和一块米糕。霍英东总是感到又累又饿。有一天,工头让他去搬重达50加仑(1加仑≈4.55升)的煤油桶,结果被砸断了一根手指。工头也是中国人,出于同情,把霍英东调去学做汽车修理工。可是没过多久,喜欢冒险的霍英东自己试开汽车,结果把车撞坏了,又被炒了鱿鱼。

# 第十章
## 有意识地锻炼孩子的心理承受能力

对于霍英东经历的这一切,他的母亲从来没有责备过他,而总是极力鼓励和支持,使得霍英东有了继续奋斗的勇气和信心。经历了无数挫折和艰苦奋斗,霍英东最终成为人们眼中的超级成功人士。他是国际著名的房地产业的巨头,亿万富翁。由他创办的霍兴业堂置业有限公司,现设有"有荣公司""立信置业""信德企业"等60多家公司,拥有香港建筑所必需的国产海沙的输港专利权,形成了一个遍布海内外的庞大工商业体系。

霍英东之所以能够取得成功,不仅仅是因为他有一个聪明的大脑、合适的机遇,还跟他个人的努力分不开。但是最重要的还是妈妈对他的支持,对他挫败经历的认同和鼓励。

生活不是理想中的世界,生活中充满失败与挫折,所以妈妈们应该让孩子从小就懂得这一点,并培养他们在失败与挫折中奋进的勇气。妈妈可以通过古今中外许多历史人物或现代成功名人的例子,让孩子知道"失败"并不可怕,可怕的是一蹶不振和永远地放弃自我。要让他们从小知道,失败并不可耻,只要肯努力,总会成功的。

有道是"人间没有不凋谢的花,世上没有不曲折的路"。妈妈要教育孩子坦然地面对挫折,把挫折看作是前进道路上必经的关口,从而增强心理的韧性。同时,妈妈还要指导孩子调整努力的目标,扬长避短,努力发挥自己的优点和长处。

任何人的成长都要经历无数的挫折。如果孩子总是一帆风顺,那么一旦遇到困难,就会情绪紧张,束手无策。因此,妈妈在平时应有意识地为孩子创设挫折情境,为孩子打下勇于面对困难的预防针,让他获得应对挫折的适应能力。比如妈妈可以让孩子负责去做某件事情等,但要注意,障碍设置难度要适中,否则屡次失败,容易引起孩子的自卑。

心理学家们研究发现,当孩子真的遇到挫折时,妈妈不能置之不理,采取"无视"态度或者指责、谩骂孩子,而应帮助孩子认真分析挫折产生的原因,采取正确的方法战胜挫折。同时还应让孩子认识到挫折本身并不可怕,最重要的是要敢于面对挫折。因此,妈妈在孩子遇到挫折时,适时地扶他一把,给予鼓励,才能帮助孩子学会忍受暂时的焦虑与不安,加强对困境和压力的容忍力，并且有信心和方法去克服困难。

心理学家们指出，挫折是人生的一部分，接受它，就是接受成长。所以，妈妈要认识到，孩子一生中不遇挫折是不可能的，要想让孩子在竞争中立于不败之地，必须对孩子进行挫折教育，不让孩子变成碰不得的"瓷娃娃"。在适当的环境下放开手脚，留给孩子一个生活自理的空间，让他在摔倒中逐渐增强抗挫的能力，使孩子能始终保持积极心态，形成执着的品性。

## 增强自我认知能力，坚强面对挫折

生活中，好胜的孩子容易取得成绩，懂得如何去奋斗如何去进取，但这样的孩子一旦把握不好"赢"的度，就容易"输不起"，一旦出现什么打击就会一蹶不振。

在心理学上，"认识自己"也叫作"自我知觉"，即人对自我的感知。认识自己是非常重要的，一个孩子越了解自己，就越有力量。因为他知道如何扬长避短，如何最大限度发挥自己的潜力。很多成功人士都是了解自己的人。

英国作家哈尔顿在采访达尔文时，毫不客气地直接问达尔文："您的主要缺点是什么？"达尔文答："不懂数学和新的语言，缺乏观察力，不善于合乎逻辑地思考。"哈尔顿又问："您的治学态度是什么？"达尔文又答："很用功，但没有掌握学习方法。"达尔文既能认识到自己的优点，又能够理性地分析自己的缺点，这才是真正全面而客观地自我定位。

自我认知贯穿于人成长的整个过程中。孩子们从懂事起，就开始不断追寻"我是谁，我从哪里来，又要到哪里去"这些生命的本源问题。他们在一次次反思中，开始了解自己。下面例子中的这位妈妈无疑为孩子树立了一个很好的典范：

## 第十章
### 有意识地锻炼孩子的心理承受能力

一位作家的寓所附近有一个卖油面的小摊子。一次，这位作家带孩子散步路过，看到小摊子生意极好，所有的椅子都坐满了人。

作家和孩子驻足围观，只见卖面的小贩把油面放进烫面用的竹捞子里，一把塞一个，仅一会儿就塞了十几把，然后他把叠成长串的竹捞子放进锅里烫。

接着他又以极快的速度，将十几个碗一字排开，放佐料、盐、味精等，随后他捞面、加汤，做好十几碗面前后竟没有用到5分钟，而且还边煮边与顾客聊天。

作家和孩子都看呆了。

在他们从面摊离开的时候，孩子突然抬起头来说："妈妈，我猜如果你和卖面的比赛卖面，你一定输！"

对孩子突如其来的话，作家莞尔一笑，并且立即坦然承认，自己一定输给卖面的。作家说："不只会输，而且会输得很惨。我在这世界上是会输给很多人的。"

他们在豆浆店里看伙计揉面粉做油条，看油条在锅中胀大而充满神奇的美感，作家就对孩子说："妈妈比不上炸油条的人。"他们在饺子馆看见一个伙计包饺子如同变魔术一样，动作轻快，双手一捏，个个饺子大小如一，晶莹剔透，作家又对孩子说："妈妈比不上包饺子的人。"

如果以自我为中心，会以为自己了不起，可一旦我们把心安静下来，就会发现我们是多么渺小。我们应该正确地认识自己，既要看到自己的优点，也要看到自己不如别人的地方。

自我认知是一个艰难的历程，在大多数情况下，孩子要借助复杂多变的外界信息来认识自己。由于外界信息复杂多变，因此孩子对自己的认识很容易受到外界信息的暗示，而不能正确地认识自己。在一段时间里，错误的认知很可能影响孩子对人生、未来的感知。比如，考试失利打击了孩子的自信心，孩子由此一蹶不振；孩子上课自信满满地举手回答问题，结果答案错误得离谱被同学们嘲笑，于是以后再也不敢举手回答老师提出的问题，哪怕自己真的知道答

案。再比如，孩子每次都考第一名，偶尔被其他同学超过，心生怨气想打击报复同学；孩子一直表现不错总是得到妈妈的表扬，某天犯了错误被批评以后就受不了，觉得妈妈不爱自己，这些典型的"输不起"心态就好像长在孩子心里的毒瘤影响他们的正常生活。

在现实的生活中，人们不会去嘲笑一个勇敢的失败者，因为知道他肯定会从头再来，夺取更大的成功。只有那些赢得起却输不起的孩子，才会遭到人们的鄙视。因为知道他们失去了奋斗的勇气，永远也站不起来了。

因此，在家庭教育中，家长要鼓励孩子绝不能向挫折投降，要勇敢地面对挫折，学会在遇到挫折时平衡自己的心理，开导自己，为自己解脱，从而更坚强、更豁达地面对挫折、面对困难。坚强地面对挫折可以让他们受益一生，它会让孩子变得更勇敢、更自信。

所以，妈妈必须教导孩子做人要好胜更要输得起："孩子，你会赢，但也会输给很多人。""胜不骄、败不馁"是一种可贵的品质，这种品质决定一个孩子能不能走向成功。孩子表现良好的时候，正面的鼓励固然是一种积极的心理暗示，但是要有个度，不要让孩子的自满开始膨胀；孩子受到打击自暴自弃的时候，妈妈也要告诉孩子"来日方长"的道理，要让孩子知道：一个人必须正确地认识自己，这是成功的一个最起码要求。

 ## 世界"不公平"，心情要平静

妈妈们都明白，生活不总是公平的，就像大自然中，鸟吃虫子，对虫子来说是不公平的一样，生活中总会有些力量是阻力，不断地打击和折磨孩子。外界的事物什么样，这由不得孩子去选择和控制，但用什么样的态度去对待，可以由孩子自己做主。面对生活中的种种不公平，能否让自己像骆驼在沙漠中行走一样自如，关键就在于孩子是否足够坚忍，能否用一颗平静的心去面对，这

# 第十章
## 有意识地锻炼孩子的心理承受能力

也是成大事者的一种能力。

周晓龙今天很不开心,因为自己的劳动成果被别人窃取了。

事情是这样的,上周学校组织了一场英语演讲比赛,对于英语每次都拿"优秀"的周晓龙来说怎会放过这次锻炼自己的大好机会?不过学校对参赛选手有个要求,就是所有参加比赛的稿子都必须是原创。于是周晓龙用三天时间翻阅各种资料完成了一篇非常满意的稿子,就等着比赛那天"惊艳全场"。

时间很快到了比赛的前一个晚上,同是参赛选手的余天看晓龙这么胸有成竹,于是提出想看看周晓龙稿子的要求:"嘿,晓龙,明天就比赛了,把你稿子给我看看行吗?"

作为好朋友,周晓龙当然没有拒绝:"当然可以,等会儿我就把稿子给你。"

让周晓龙没有想到的是,余天看完稿子后竟然把最精彩的几段挪用到了自己的稿子上,那天的比赛余天在周晓龙前面出场,于是裁判们普遍觉得余天的稿子更胜一筹,把冠军给了余天。

结果出来的时候周晓龙差点哭了出来:"明明是我写的稿子,余天凭什么窃取成自己的东西?而且更气人的是评委竟然把冠军给那个'抄袭者',这也太不公平了!"

经过无数的实践,我们必须承认生活是不平等的这一客观事实,但这并不意味着消极处世,正因为我们接受了这个事实,我们才能放平心态,找到属于自己的人生定位。命运中总是充满了不可捉摸的变数,如果它给孩子带来了快乐,当然是很好的,孩子也很容易接受,但事情往往并非如此。有时它带给孩子的会是可怕的灾难,这时如果孩子不能学会接受它,反而让灾难主宰了孩子的心灵,生活就会永远失去阳光。

美国心理学家威廉·詹姆斯曾说:"心甘情愿地接受吧!接受事实是克服任何不幸的第一步。"孩子一定要学会接受不可避免的事实。即使孩子不接受

命运的安排，也不能改变事实分毫，孩子唯一能改变的，只有自己。成功学大师卡耐基也说："有一次我拒不接受我遇到的一种不可改变的情况。我像个蠢蛋，不断做无谓的反抗，结果带来无眠的夜晚，我把自己整得很惨。后来，经过一年的自我折磨，我不得不接受我无法改变的事实。"面对不可避免的事实，我们就应该学着做到诗人惠特曼所说的那样："让我们学着像树木一样顺其自然来面对黑夜、风暴、饥饿、意外等挫折。"

心理学家说，生活的不公平能培养美好的品德，孩子应该做的就是让自己的美德在不利的环境中放射出奇异的光彩。明白了这些，孩子就能够善于利用不公平来培养自己的耐心、希望和勇气。比如在缺少时间的时候，孩子可以利用这个机会学习怎样安排一点一滴珍贵的时间，培养自己行动迅速、思维灵敏的能力。就像野草丛生的地上能长出美丽的花朵，在满是不幸的土地上，也能绽开美丽的人性之花。

孩子也许正为一个专横的朋友而心烦，并因此觉得很不公平，那么放平心态，不妨把这看作是对自己的磨炼吧，用亲切和宽容的态度来回应朋友的无理取闹。借着这样的机会磨炼自己的耐心和自制力，转化不利的因素，利用这样的时机增强精神的力量。而朋友经过你的感化，将会认识到自己行为的不妥，从而改变对孩子的不公正的做法。同时，孩子自己也将提升到更高的精神境界，一旦条件成熟，孩子就能进入崭新的、更友善的环境中。

 ## 正确看待挫折教育

孩子在经历挫折时常会产生比较消极的情绪和抵触心理，经历一定的挫折，对形成他们的坚强意志是有益的。从孩子的心理特点出发，孩子的随意性活动占主要地位，所以在新的教育观念下妈妈应多为孩子进行挫折教育，孩子摔倒了之后让他自己爬起来，这对孩子来说是一个非常重要的磨炼过程，这样

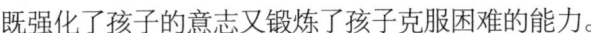

## 第十章
### 有意识地锻炼孩子的心理承受能力

既强化了孩子的意志又锻炼了孩子克服困难的能力。

但是，很多妈妈混淆了"挫折教育"的概念，一味地给孩子制造困难，结果适得其反。据心理学家们统计，我国目前中小学生存在的心理疾患中，30%左右是源于年幼时经历的挫折和打击没有得到妈妈正确的引导。

据心理学家的调查结果显示，妈妈们在对孩子进行挫折教育时，最容易走入的误区是：障碍设置过难，为了安抚孩子的情绪而将失败归咎于外界环境，妈妈心太急，希望孩子的挫折教育能够一蹴而就。

家长在对待幼儿挫折教育的问题上，首先要意识到幼儿期是个体个性形成的关键期，有意识地让孩子品尝一些生活的磨难，让孩子懂得人生的道路是坎坷的，学会在挫折中接受教育，这对培养他们吃苦耐劳的精神、独立意识、应付困难的勇气和心理承受能力，是十分必要的。

妈妈为孩子设置的情境必须有一定的难度，能引起孩子的挫折感，但又不能太难，应是孩子通过努力可以克服的。同时，孩子一次面临的难题也不能太多。适度和适量的挫折能使孩子主动调节自己的心态，正确地选择外部行为，克服困难，追求下一个目标；对孩子过度的挫折教育会损害他们的自信心和积极性，使孩子产生严重的挫折感、恐惧感，直至最后丧失应对挫折的兴趣和信心。

心理学家们提醒，妈妈要了解挫折教育是贯穿在每一天中的，贯穿在那些成人看起来不起眼的小事中的。如孩子摔倒了，有些妈妈会赶紧跑上前扶起孩子，还对孩子说："都怪这块儿地板让我们家宝宝绊一跤，看妈妈打它。"然后妈妈做出狠踩地面状。这样的结果是使孩子把跌跤归因于外因，不敢正确地面对挫折。正确的方法是妈妈帮助孩子了解产生挫折的原因和应付的对策，比如告诉孩子："这是因为你走路不看地面才绊到石头摔倒的。"知道了原因，孩子才能很好地改正。

在学校举行的中学生体育文化艺术节才艺比赛中，最终只有三位同学获奖，他们捧着奖杯在台上喜笑颜开。

经过一番努力最终却没有得奖的孟小松坐在台下难受极了，只见他默默无语、表情严肃。坐在一旁参加活动的妈妈见儿子这副模样很是担心，于是

问:"小松,你怎么了?"

"没什么。"孟小松不想让妈妈看见自己失态的样子,连忙说:"一会儿就好了,你看你的节目吧。"

十月怀胎朝夕相处,妈妈怎么会不了解自己的儿子?于是妈妈想安慰安慰儿子,可是脑子里翻来覆去也没有找到什么好词儿,于是妈妈伸出胳膊揽过孟小松的脑袋说:"妈妈的乖儿子,没关系,输就输了吧,其实得奖的小朋友们还没有咱们演得好呢,你没得奖是因为评委们没眼光,哼!"

孩子为比赛输了难受并非坏事,因为这既是情绪的自然发泄,也是一种争强好胜、要求上进的表现。但此时心理学家们指出,妈妈不能对孩子说:"输就输吧,没关系,是评委没眼光、不公平",这样将失败归咎于外界环境,会助长孩子无所谓的心态,妈妈最正确的做法应该是帮助孩子分析失败原因,认识到自己的不足,才能让孩子有收获。

妈妈对孩子的任何教育都是一个缓慢的过程,挫折教育不能一蹴而就。心理学家指出,孩子的挫折教育在出生后就应该开始。每个阶段妈妈都应该积极地与孩子建立健康的亲子关系,让孩子对妈妈及环境产生美好的信任感觉,为与孩子在挫折教育中的沟通打下基础。而不是哪天妈妈想起来就进行一下,没想起就算了,时断时续反而让孩子不能严肃地去看待这件事情,起不到应有的教育效果。

## 鼓励孩子从失败中吸取教训

常言道:"失败是成功之母。"这是指失败既是坏事,又是好事。如果能从失败中吸取教训,砥砺人的意志,使人更成熟、坚强,激励人从逆境中奋起,就能使失败变为成功之母。妈妈鼓励孩子向失败学习,就是使孩子勇敢地面对失败，能变失败为成功之母。

心理学家说，失败是不可避免的人生经历。在日本，如何从失败中分析原因、汲取教训已经成为一门学问。已有10年历史的日本失败学会，不到一年的时间里就已经拥有了包括日本著名的东陶公司、日立制作所、松下电工公司、三菱重工业公司等42家大型企业法人和500名学员。

失败学会会长畑村说，面对企业各种各样的失败案例，只有从人的思想深处和管理体制入手寻找深层次原因，才能避免再次发生事故。所以在失败学会中，各大企业法人与学会其他会员共享失败案例分析数据库的信息，每月举行一次研讨会，分析会员本身失败的案例，总结原因，向失败学习，然后提出对策，杜绝重犯错误。此外，失败学会还举行年会，分析世界上一年来发生的事故和不幸事件。

每位妈妈都希望孩子能拥有更多的成功，从中体验竞争和胜利带来的快乐，但是，任何的成功都来之不易，需要不断进取和努力，更需要勇敢地去面对挫折和困难。孩子在生活和学习过程中遇到失败是难免的，而面对孩子的失败，往往最难受的就是妈妈，他们对孩子的失败比自己的失败更加痛苦，有些妈妈往往采取掩盖和安慰的方法去让孩子逃避失败。殊不知，妈妈这样害怕孩子失败的心态，可能会导致孩子一蹶不振，毁了孩子的未来。现在妈妈们面临的最大挑战，就是如何面对孩子的失败而仍然有信心去鼓励和支持他向失败学习。

如果妈妈永远都将孩子置于自己的羽翼之下，帮他挡住伤害与失败，那他就永远也学不会如何在人生的低谷到来时独自承受。

春游的时候，妈妈和三岁的女儿一起走在狭窄的山间道上。山路坑坑洼洼，对一个孩子来说很难应付。但妈妈并没有马上拉起孩子的手，而是任由她跌跌撞撞地走了一会儿，甚至看着她差一点被小石子绊倒。这就是一个聪明的妈妈，她懂得如何让孩子自己去体验生活。

大一点的孩子有时会主动拒绝尝试新的或者是他们认为困难的事情。但是如

果你确定的目标只是"试一试"而不是"成功",那孩子们就比较容易接受了。

6岁的朋朋起初很害怕参加学校的钢琴比赛,但是妈妈告诉他:"你不一定非要得名次,我们只是去学习如何在有很多很多观众的时候演奏。"最后朋朋高兴地去比赛了,而且成绩还很好。

心理学家指出,聪明妈妈的技巧就在于:即便是一次失败的努力,也让孩子觉得从中有所收获。

妈妈希望孩子事事成功。然而,在现实生活中,常胜将军是没有的,在人生的道路上失败是难免的。这是因为客观事物是纷繁复杂而又不断地发展变化的,其关键问题就是尽量少些失败,多些成功,以及如何勇敢地向失败学习。当孩子没有经受过失败的痛苦,往往就不能以正确的态度对待失败。因此,妈妈应尽早训练孩子具备向失败学习的能力。

心理学家认为,妈妈可以帮助孩子分析失败,一旦发现了失败,妈妈就得引导孩子透过显而易见的表面原因追根溯源。这要求妈妈严格而积极地通过深入分析,确保汲取正确的经验教训和采取合适的补救措施。妈妈的职责是保证孩子在经历一次失败后,停下来认真分析和发掘其中蕴含的宝贵经验,然后再继续前行。

 ## 让孩子尝到坚持的果实

世界首富比尔·盖茨认为,巨大的成功靠的不是力量而是韧性。如今社会的竞争常常是持久力的竞争,有恒心有毅力的人往往能够成为笑到最后、笑得最好的人。对于孩子来讲,恒心和毅力是成功的必要条件,半途而废,浅尝辄止,那么梦想永远只能是梦想。

# 第十章
## 有意识地锻炼孩子的心理承受能力

心理学家们指出,孩子无论做什么,轻易放弃是不会取得成功的。有时候,孩子多坚持一会儿就会有奇迹出现,多坚持一会儿就能够反败为胜。当事情越来越困难时,当失败如同排山倒海般地压过来时,大多数孩子会放手离开,只有意志坚强的孩子才能够坚持到底,不轻易言败,而最后的胜利,也往往属于这些意志坚强的孩子。据心理学家研究,孩子最开始能够坚持去做一件事,是因为他们尝到了坚持的果实。

生物课上,老师在黑板上出了一道题:"草履虫有眼睛吗?"对于孩子们来说,这比证明三角形全等有趣多了,于是开始热烈地讨论。

大部分同学认为,既然叫"虫",当然有眼睛喽,不然它怎么看东西呢。但是韦冰却不这么认为,他隐隐约约地记得以前上初中的表哥对自己说过,草履虫是种单细胞动物,没有眼睛,只有鞭毛。于是韦冰告诉周围的同学:"草履虫是没有眼睛的。"

听韦冰这么说,大家纷纷质疑起来:"你怎么那么确定呢?你的依据是什么?"同桌马小涛甚至说:"你敢坚持你的看法吗?如果你赢了,今天的值日我就一个人全包了!"

听大家这么一说,韦冰的心开始打起鼓来:"万一我错了多丢脸啊,而且那么多同学都说有,我应该是记错了吧,可是……"韦冰又想:"我隐隐约约记得好像自己的答案没有错啊,要不要坚持下去呢?"

经过激烈的思想斗争,韦冰还是决定坚持自己的答案,结果等老师公布答案的时候,韦冰果然是正确的,知道这个结果的那一刻,同学们都不约而同地鼓起掌来,为了韦冰能够坚持自己。经过今天的事情,韦冰一下子对自己充满了信心,心里甜滋滋的。

心理学家们告诉妈妈们,一个孩子的恒心和内心的梦想结合以后,就会产生百折不挠的巨大力量。很多孩子的失败并不是因为自己能力不济,而是败在自己意志力不强,很多情况下,成功与失败只是一步之遥。据心理学家研究,孩子不敢坚持自己的看法是因为有的孩子属于"温和派",很少大胆地向别人

说"不行",妈妈说什么他们就听什么,有什么反对意见在妈妈的强行压制下也就烟消云散了,慢慢地就养成了不敢大胆表达自己意见和想法的习惯,总认为别人说的可能是对的,即使自己的意见正确,也不敢理直气壮地坚持。

还有的孩子害怕遭到妈妈的责骂。如果孩子说出自己的看法后,妈妈认为孩子的看法相当幼稚并且没有逻辑性,往往会指责孩子"反应迟钝"、"笨",于是孩子下次遇到这样的问题,就会为了免于责骂而改变自己的看法。

那妈妈应该怎样教导孩子呢?欧美国家父母的做法一般是:鼓励孩子发表自己的意见,提出自己的要求,当孩子的意见和要求不妥当时,立即给予纠正,并说明父母不能满足孩子要求的原因。例如孩子认为自己晚上可以玩一会电脑,这样有利于调节紧张的学习氛围,如果父母反对,就一定要能说出反对的理由:"你是一个自制力不强的孩子,这样会影响你的睡眠,所以我们不同意。"妈妈还可以给孩子参加家庭会议的机会。比如全家人一起商量是否要买新房,认真参考孩子的意见,把孩子当作一个平等的个体来对待,是对孩子敢于坚持的最大鼓励。

# 第十一章
# 教育反思，妈妈要走出的教育误区

好孩子不是"管"出来的

懂得保护孩子的梦想

看似"没用"的书，也许最有用

奖励很重要，选错可能毁一生

别用贿赂向孩子要成绩

##  好孩子不是"管"出来的

父母就像是电脑中的杀毒系统,总是给孩子安装新软件,自动隔离各种插件,而且定期扫描。对待孩子,屏蔽社会不积极信息,耳提面命各种大道理,生怕孩子走一点弯路,生怕孩子受一点委屈。

书包太重,妈妈来背;路上车多,爸爸接送;作业太多,擦桌子扫地之类的活计就由大人平分了,小孩子不用做。至于郊游、爬山、远足一类的项目没有家长陪同,怎么可以独自参加?这些做法相当于把孩子的手脚都捆了起来,让孩子变得什么也不会,最后失去自信。

渐渐地,孩子在家长的这种管束下,变得很"乖",同时也变得亦步亦趋……同样在一个教室,同一个老师教,别人家的孩子能听懂,你的孩子却反应不过来,本来灵巧的双手,却什么也不会了……

孩子自己会怎么想?这些乖孩子的潜意识里,总浮现的是一个"笨"字。这时候的家长则开始指责、抱怨,甚至谩骂、殴打。可你别忘了,当初是你蒙住孩子的眼睛,堵住孩子的耳朵和嘴巴,捆住孩子的手脚,是你严厉的"管",导致了这种结局。

好孩子不是管出来的。的确,为什么要管?

"管"从字面上解释就是在权力范围内对人、事物的管束与制约,是一种由上往下施加压力的行为,因而双方就自然地处于了一种对立与不平等的地位,更存在着主动与被动的关系。然而,今天的孩子在个性上都有着独立的一面,父母与孩子为什么就只是一个"管"与"被管"的关系呢?

"管"的目的,无非是希望孩子能按照父母的意愿发展,或者说是听父母

## 第十一章
### 教育反思，妈妈要走出的教育误区

的话与指令。然而，这不是又很矛盾吗？做父母的不都是抱着望儿成龙、望女成凤的心愿，都指望着儿女将来能超过自己吗？

可是，如果要让子女变成一个完全接受父母指令的机器，那又怎么可能使得子女超越自己呢？难道父母能很自信地说自己就是一个成功的教育专家吗？

不管孩子，那么我们又该如何做父母？相信下面这位妈妈的做法可以给我们一些启示。

我的女儿读小学六年级了，为了她，我曾经非常头疼。有一段时间，她在家里对我们很不尊重。我开始寻找问题的症结。有一次，我俩因为一件小事争执起来，女儿大声对我嚷嚷："我愿意和我的老师交朋友，就是不愿意和你交朋友，因为你只知道命令我，压制我，从来没有想过我的感受，而我的老师却很尊重我。"这句话深深地触动了我，我不得不开始反思：女儿虽然是一个孩子，但她还是有思想、有个性的，那种传统的家长制作风对她的教育是行不通的。

于是我开始在她面前转换角色，以一个朋友的身份与她相处。我还特意做了一个母女交流本，每次当我们有什么心里话要说时就写在上面，我们在这里平等地交流沟通，字里行间都流露出女儿成熟的思想和个性，也反映了一个母亲对女儿的深切关怀和教育。我们之间开始变得民主平等，女儿在家里也变得懂事多了。

好孩子不是管束出来的，家长整天跟在他们身后这也不许，那也不许，反而会招来反感，甚至造成与孩子的隔阂和争执。鼓励与沟通才是我们的桥梁。

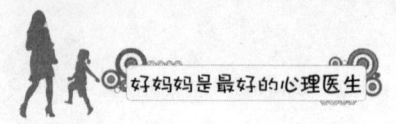

##  懂得保护孩子的梦想

斌斌对海底世界可感兴趣了,他总有问不完的问题问妈妈。妈妈发现孩子的问题越来越有深度,自己真的回答不上来了,于是她就到新华书店,为斌斌搬回来许多有关海洋知识的图书。斌斌对这些书中讲的知识入了迷,他认识了五彩斑斓的鱼和形形色色的水生植物,那些反映海洋世界的动画片和电视节目,也是斌斌最喜欢看的。

每当幼儿园里的小朋友遇到不认识的鱼,都会来问斌斌,而他总能答上来,大家都崇拜地叫他"海洋专家",斌斌对此称谓也感到很自豪。每当大人问斌斌长大后的理想,斌斌总会毫不犹豫地说:"海洋专家!"

随着斌斌知识的增加,他产生了去海边看看的愿望,想看看大海到底长什么样。妈妈见斌斌对海洋这么有兴趣,就趁暑假带斌斌去了一趟海边。斌斌可兴奋了,他和妈妈一起在海边拾贝壳、捡海螺、看潮起潮落。妈妈还带斌斌参观了海洋馆,买了许多海底世界的图片。斌斌每天都盼望着自己快快长大,能够早日实现自己的梦想!

梦想有着无穷的魅力,它对孩子的成长能够产生巨大的牵引和激励作用。孩子天生都有梦想,童年是多梦的季节,童年是梦想的故乡。一个孩子心中拥有了梦想,就会在希望中生活,并不断地创造生命的奇迹。梦想就像人体成长所需要的维生素,缺少它,大脑的营养就跟不上,思维就会迟钝,没有想象力,失去创造力。妈妈应尊重孩子的梦想,让孩子在梦想中健康快乐地成长!

"每天暂停十分钟,听听小儿心底梦。"这是某个电视台经常出现的一则

# 第十一章
### 教育反思，妈妈要走出的教育误区

公益广告，它劝告妈妈要善于倾听孩子的梦想，用心去栽培孩子的愿望。曾经有人对爱迪生、毕加索、达尔文等成就卓越的人进行研究分析，结果发现这些人在童年时期都有一个绚丽多彩的梦，而他们一生为之奋斗的目标就是实现早年的梦想。因此可以说，没有梦想的孩子是没有未来的，也是不可能有所作为的。

孩子小时候往往会产生一些稀奇古怪的梦想，例如，背上长出一对天使的翅膀，鼻子上长出一只犀牛角，或是自己可以有三条腿，因为那样跑起来更快……这个时候，妈妈千万不能因为孩子的想法光怪陆离就嘲笑打击："孩子，你能想点实际的吗？你的梦想是永远也不可能实现的。"要知道，飞机发明之前，没有人相信人类可以飞上天空。

孩子伟大的梦想总是由一个个小梦想连接而成的，而妈妈的打击只会让他们变得不敢憧憬未来。

俗话说，"心有多大，舞台就有多大"，梦想决定着人生的高度。而在每个孩子的内心深处，都有一个属于自己的梦想。对于孩子们来说，他们的任何一个梦想都是宝贵的。所以，妈妈最不应该做的事情，就是对孩子的梦想武断地说"不"。我们常常可以听到孩子各种各样的梦想。也许有的孩子梦想当一个科学家，这时候他的家长就会自豪地扬起笑脸；而另一个孩子可能最想做的事情就是拥有自己的农场，成为一个"菜农"，听到这个梦想，相信很多父母的脸上都会觉得没面子。

其实梦想是没有高低贵贱之分的。当一个孩子有了自己的梦想，妈妈就应该为他有了一个"理想的我"而感到骄傲和自豪，并且一定要给予肯定，哪怕那个梦想有些不可思议，哪怕那个梦想在世俗的社会中看来很卑微。

当妈妈对孩子的梦想坚信不疑，孩子就能够从妈妈那里获得力量和勇气并树立信心。事实上，让孩子追逐自己的梦想，可以使孩子在追逐的过程中迸发出最大的力量，并且获得愉快的自信体验。一个真正爱孩子的妈妈，一定会精心保护孩子的梦想，因为只有这样，孩子梦想的种子才有可能成长为参天大树。

为了使孩子的梦想能够成为现实，在孩子追逐梦想的过程中，妈妈还应该给予多方面的关注，为孩子的圆梦计划提供建议和支持。另外在孩子灰心失望

的时候，妈妈要提醒他"你还有这样的梦想"，还要列举孩子曾经为这个梦想做出的努力，给予肯定并且鼓励孩子继续坚持。

任何人都不能保证别人的生命。即使是给予了孩子生命的妈妈也不能保证孩子的生命中会出现什么，不会出现什么。生命也不需要被保证，每个人除了要拥有超越生命束缚的梦想外，还要有对梦想持之以恒的追求。妈妈要做的，就是呵护孩子的梦想，支持孩子对梦想的追求，而不是为了给孩子一个安安稳稳的生活，人为地限定孩子的人生。

 ## 看似"没用"的书，也许最有用

有一位初一学生的家长，发愁自己的孩子不会写作文，便去请教老师如何才能让孩子学会写作文。当老师了解到她的孩子很少读课外书这个情况后，便建议她在这方面加强，并给她推荐了两本小说。

这位家长马上就给孩子买了这两本书，孩子读了果然很喜欢，读完了还要买其他小说来看。为此她给老师打了电话，显得非常高兴。但过了一段时间，孩子又不喜欢读课外书了，这位家长无奈之下又去求助了老师。

原来，她在孩子读完这两本小说后，就急忙给孩子买了一本中学生作文选。按照她的理解是，读课外书是为了提高作文水平，光读小说有什么用，看看作文选，学学人家怎么写，才能学会写作文，可孩子不愿意读作文选。于是，她就给孩子提条件："你读完作文选才可以再买其他书。"孩子当时虽然答应了，但一直不愿意读作文选，结果作文选就一直在那里扔着，孩子现在也不再提说要买课外书了，刚刚起步的阅读就这样又一次搁浅了。

这位家长的做法真是让人感叹。她既不理解小说的营养价值，也没意识到阅读是需要兴趣相伴的，只是主观认为读小说不如读作文选有用。

## 第十一章
### 教育反思，妈妈要走出的教育误区

即使对成人来说，持久的阅读兴趣也是来源于书籍的"有趣"而不是"有用"。而且，书真正有无用处，也是因人而异的，这当中关键就取决于每个人对它的内容是否会发生兴趣。对于孩子来说，只有他自己觉得有趣的书，他才能坚持读下去，才能从中发现新的知识。而如果某本书是他觉得无趣的，那么这本书在家长的眼里即使是再"有用"的，对孩子也不会有太多的帮助。

有个男孩怎么也写不好作文。他听从妈妈的嘱咐，每次去书店都会买一大堆作文指导书，他其实非常不喜欢读这类的书，他更想读那些优美的散文、情节一波三折的小说，但他妈妈认为那些书都是"没用"的书。她常对儿子说："读那些小说和散文都是浪费时间的事情，一点用处都没有。这样吧，你读完这些作文书才可以去买其他的书。"孩子虽然当时答应了，但他依然很反感那些作文书。结果作文书一直在抽屉里放着，孩子再没有提出过买小说和散文作品，他的作文依然没什么进步，并且阅读也搁浅了。

而另一位初中女孩的妈妈则不同，她的女儿起初作文也不太好，但她并没有像男孩的妈妈那样，为孩子买一大堆的作文辅导书，她让孩子自己挑选感兴趣的书，这样，孩子选了一些小说、传记、历史、随笔。不到一年的时间，她的作文水平突飞猛进，并且语文成绩也好了许多。当孩子上初三时，为了把握中考作文方向与要点，才买了一本作文辅导书。

两个孩子遇到了同样的问题，可是两个妈妈采取了截然相反的对策，结果使得两个孩子的语文水平拉开了差距。

男孩的妈妈犯了一个常识性的错误——以偏概全，即认为凡是与学习有关的书都是"有用"的书，凡是与学习关联不明显的书是"没用"的书。她被"有用"的光环所笼罩，对孩子所读的书做出了一个十分片面的判断，并试图将这种想法强加给孩子。

这种行为其实正中了心理学上"光环效应"的圈套。"光环效应"这个心理学概念最早是由美国著名心理学家爱德华·桑戴克于20世纪20年代提出的。他认为，人们对人的认知和判断往往只从局部出发，扩散而得出整体印象，即

常常以偏概全。一个人如果被贴上了"好人"的标签，他就会被一种积极肯定的光环笼罩，别人会认为他拥有一切好的品质；如果一个人被贴上了"坏人"的标签，他就被一种消极否定的光环所笼罩，并被认为一无是处。这种现象就像月晕一样，是从一个中心点而逐渐向外扩散成越来越大的圆圈，据此，桑戴克为这一心理现象起名为"光环效应"。

生活中经常会遇见光环效应的现象，无论是在学校还是在家里。例如，某个孩子数学不及格，老师就会片面认为这个孩子没有学习的天分，也就不在他的身上花心思了。但实际上，这个孩子数学成绩不好，并不证明他所有的方面都不好，也许他会在语文、音乐或是其他方面有特有的长处。如果没能得到施展的话，那么他本身蕴含着的才华就会被淹没。

因此，妈妈在指导孩子阅读的问题上，切忌"以偏概全"，用"有用"和"没用"这种多少带有一点功利性的评判标准来概括书籍。在给孩子选择阅读书目时，要了解孩子，然后再给出建议，不要完全用成人的眼光来挑选，更不要以"有没有用"来作为价值判断，要考虑的是孩子的接受水平、他的兴趣所在，要尊重孩子的意愿，看孩子愿不愿意读书，调动孩子阅读兴趣，先考虑有趣，再考虑其他，这样才能确保孩子在"悦"读的前提下进行阅读，学得新知。

再有，妈妈自己如果经常读书，心里十分清楚哪本书好，可以推荐给孩子。如果妈妈总能给孩子推荐一些让他也感兴趣的书，孩子其实是很愿意听取大人的指点的。但如果妈妈自己很少读书，就不要随便对孩子的阅读指手画脚，选择的主动权应交给孩子。

# 第十一章
## 教育反思，妈妈要走出的教育误区

 ## 奖励很重要，选错可能毁一生

在心理学上，有一个著名的"雷珀实验"，心理学家雷珀挑了些爱绘画的孩子分为A、B两组。A组孩子得到许诺：画得好，就给奖品。B组孩子则只被告之"想看看你们的画"。两个组的孩子都高兴地画了自己喜爱的画。A组孩子得到了奖品，B组孩子只得到了几句平常的赞语。三星期后，心理学家发现，A组孩子大多不主动去绘画，他们绘画的兴趣也明显降低，而B组孩子则仍和以前一样愉快地绘画。

"雷珀实验"提示我们：适度的表扬和奖励能够激发孩子积极向上的情绪和愿望，适当的奖励有利于良好个性和优秀品质的形成，也有助于孩子能力的发展、知识的积累和审美情趣的培养。不过，奖品固然可以强化某种良性行为，但它也有使人只对所获奖品感兴趣而对被奖行为本身失去兴趣的危险。在现实生活中，不少家长在运用表扬和奖励的时候也存在着一些误区。

有位妈妈为了激励她的孩子，尝试了很多办法。孩子考得好，就带他去游乐场，买名牌运动鞋，吃西餐，甚至许诺说要考到某个程度就带他出国旅游。可每种办法只能用一两次，然后就没效了，孩子的学习也一直没什么起色。

这位妈妈似乎用了很多办法，但分析她的方法，其实只有一种，那就是物质刺激，区别只是奖品不同。

　　人对奖品的热爱程度取决于他在这方面的欠缺和需求程度。或许家长还习惯于给孩子物质奖励，但实际上，现在的孩子多数都衣食无忧，在物质上并没有太大的欠缺，所以物质奖励并不能真正刺激他们的热情。即使能带来一些动力，也只是阶段性而已，并不能持续多长时间。而且，物质奖励非但不能从根本上解决问题，起到激励的作用，有时甚至还会产生一些副作用。

　　首先，物质奖励会让孩子的学习目的发生变化。例如，一个孩子如果为了一双名牌球鞋而去学习，他在学习上就会变得功利了。在短时间内可能会取得好成绩，可一旦得到了这双鞋，对学习就会懈怠。庸俗奖励只能带来庸俗动机，它令孩子不能够专注于学习本身，把奖品当作目的，把学习只当作是一个拿到奖品的手段，真正的目标就在这个过程中不知不觉地丢失了。

　　其次，它败坏了孩子实事求是的学习精神。学习最需要的是对知识的探究兴趣和踏实的学习态度，如果家长总是把奖励当作学习的诱饵提出来，其实这从某种程度上讲是一种成人要求儿童以成绩回报自己的行贿手段，会令孩子对学习不再有虔诚之心，只把心思用在如何换取奖品、如何讨家长欢心上。这样一来，孩子的心就总是悬浮在半空，患得患失，虚荣浮躁，学习上很难有心无旁骛、脚踏实地的状态，这无疑是一种对学习本身毫无益处的不正确的态度。

　　可见，妈妈对孩子的奖励一定要慎重，当孩子取得进步时既要及时以奖励作为鼓励，又要注意选择正确的奖励方式。

　　一个人除了物质需求外，还有被尊重、被认可、被理解、被关爱等多方面的精神需求。这也就是说，除了物质奖励，精神上的肯定和鼓励对于孩子也非常重要，它所发挥的作用有时甚至会超越物质奖励。不过，给予孩子精神上的奖励也需要讲究方法，而且不能过度。有些家长在孩子每做对一件他们所应该做的事，每回答对他所应该回答出的问题时，都要抛出如"真乖""真好""真聪明"等之类的赞赏的话和报之以喜悦的脸色，久而久之，这些话就失去了它应有的效用，因为人的心理就是这样：越容易得到的东西越不会引起重视和珍惜，没有做多少努力便能得到的表扬也只能是廉价的。这样的表扬越多，孩子便越会对它无动于衷，更谈不上珍惜，也不会有什么荣誉感，有时还会产生不表扬就不去做的错误意识。

因此，对于孩子的精神奖励要适度而行，而且所说的话要具体，即具体到孩子的某一具体行为上，如"你今天做了一件……的事，妈妈很为你感到骄傲"，这种具体到细节上的表扬可以让孩子知道，妈妈正在关注着自己，自己所做的每一件事情妈妈都能看到。这样一来，孩子既收到了来自妈妈的关爱的信号，同时也因为被肯定而提升了自信，进而做事更能充满活力。

## 别用贿赂向孩子要成绩

为了鼓励孩子好好学习，很多家长都倾向于采用物质奖励的方式，给孩子一些"小恩小惠"，如买些小玩具、给点小零食等。等到孩子长大一点，有些家长甚至以金钱或昂贵的电子产品如手机等作为诱饵，希望能换来孩子的好成绩。

也许在刚开始，这种物质奖励的方式也确实颇为奏效，孩子一回家就好好看书，温习功课。可是，时间一长，就慢慢变得不尽如人意，有些孩子开始出现厌倦学习的情绪，有些甚至把学习作为交换奖赏的筹码，逼得家长只好不停地增加奖金的数目，但效果仍然不大。如果从心理学的角度来讲，这种奖赏之所以慢慢地失效，正是"德西效应"在起作用。

心理学家德西在1971年做了一个专门的实验。他抽调一些学生去单独解一些有趣的智力难题。在实验的第一阶段，抽调的全部学生在解题时都没有奖励；进入第二阶段，所有奖励组的学生每完成一个难题后，就得到1美元的奖励，而无奖励组的学生仍像原来那样解题；第三阶段，在每个学生想做什么就做什么的自由休息时间，研究人员观察学生是否仍在做题，以此作为判断学生对解题兴趣的指标。结果发现，无奖励组的学生比奖励组的学生花更多的休息时间去解题。

可见，奖励组对解题的兴趣衰减得快，而无奖励组在进入第三阶段后，仍对解题保持了较大的兴趣。实验足以证明，当一个人进行一项愉快的活动时，给他提供奖励结果反而会减少这项活动对他的内在吸引力，这就是所谓得"德西效应"。

对于任何事情来说，兴趣才是更大更持久的动力，一旦失去了兴趣，做事的动力就会大大下降。所以，家长如果让孩子养成了为获得奖赏才去努力学习的习惯，孩子就体会不到出色完成一项工作之后的激动与兴奋，单纯的求知的快乐可能会逐渐降低。

因此，用贿赂向孩子要成绩的做法，非但收效甚微，还会令孩子养成不良的习惯，深受其害。当孩子多次被贿赂之后，就会变得依赖贿赂，甚至做点普通的事也是这样。不过有些家长还是乐此不疲。当孩子长大一些，他们为了让孩子劳动，就给孩子支付工资，比如，扫一次地2元，刷一次碗3元，擦一次玻璃5元……当然，最重要的"贿赂"是学习方面的，孩子进入前十名，奖励100元，进入前五名奖励300元，第一名奖励500元……结果孩子本应该通过这些习得的义务感、责任心、荣誉感和求知欲却全部被"物质欲"代替了。并且，很多大人并不能区分贿赂和奖励，对于给孩子"贿赂"，他们大多是以为在给孩子奖励。

的确，物质奖励的确是奖励的一种，可以填满孩子当时的小小欲望。但是，当孩子以自己作为要挟来取得奖品，父母又答应的时候，不正当的交易就开始了。

4岁的文文感冒生病之后，就再也不愿意去幼儿园了。每次妈妈带她去幼儿园，她都哭得昏天黑地，拉着门不肯走。妈妈说："幼儿园里有很多小朋友正等着文文呢，难道文文不想他们吗？"文文仍旧是大哭不已。

"幼儿园阿姨昨天打电话过来说，专门给文文办了欢迎会呢，文文不要辜负老师的期望啊！"文文不为所动还是大叫。无奈，妈妈拿了撒手锏："文文，你要是乖乖去幼儿园，我周末就带你去买玩具。"

文文抬起泪汪汪的眼睛："妈妈说话要算话。"

"算话,算话。咱们现在去幼儿园好吗?"

"嗯,妈妈抱我。"妈妈长舒了一口气,把文文抱上车,带她去幼儿园。

家长如果经常许给孩子一些小惠小利,以求孩子能按照家长的安排去做的话,久而久之孩子在做事时就会渐渐产生一种功利的心态:要是不给好处就绝不做!

其实,奖励是以奖赏激励人,调动孩子内部动机,让孩子去争取更大的成绩。而"行贿"只是以"奖品"买通孩子去实现自己的某种愿望,最多只能调动孩子暂时的外部动机而已。并且,奖励孩子并不是说一定要给孩子物质奖励,精神奖励才是更重要、更持久的方式。所以,如果家长要想真正地奖励孩子,适当的赞扬要比金钱来得实际和有效得多。

# 第十二章
# 开拓孩子潜力从孩子心理入手

孩子的进步离不开妈妈的表扬

珍惜孩子的每一次成功

和孩子一起设计奋斗目标

要求从低到高，每天进步一点点

成绩不是衡量好坏的唯一标准

如何对待学习压力大的孩子

##  孩子的进步离不开妈妈的表扬

每个孩子在内心当中都希望得到别人的赏识和肯定,教育家陶行知先生早在半个世纪之前就深刻地指出:"教育孩子的全部秘密就在于相信孩子和解放孩子。"而想要相信孩子,解放孩子,首先就要做到赏识孩子,没有赏识也就没有教育。

哈佛大学的心理学家们曾经做过这样一个实验:

有两组男孩,先让他们一起长跑消耗体能,接下来,对第一组男孩给予严厉的批评,对第二组男孩给予热烈的称赞。接下来研究人员对这两组男孩进行体能检测,结果发现被批评的男孩无精打采,体能处于崩溃状态;而被表扬的那组孩子精力十分旺盛,体能恢复得十分迅速,而且充满自信。

因此,心理学家得出过这样一个结论:在教育孩子的时候应该多给孩子一些适当的赏识,学会赞美孩子,这对孩子的心理发展十分有利。让孩子感受到父母对他们的关注和认可,这样既可以快速地抚平孩子身体上的创伤,同时也可以促进孩子的身心朝着健康的方向发展。

所以,适当的赏识和鼓励是十分必要的,而家长们也要注意不要对孩子的赏识过了头,因为一个孩子如果受到的赞美太多,心理就会出现不同层次的膨胀,而且会找不准自己的定位。这样的孩子将来走在社会上,心理也会十分脆弱,经不起生活中的挫折。

捷克教育家夸美纽斯,被尊称为教育史上的哥白尼,他曾经说:"应当像尊敬上帝一样尊敬自己的孩子。"人性当中最本质的需求就是渴望得到别人的赏识，没有一个小生命为了挨骂而活着。作为家长，轻易不要对孩子说出泄气的话，因为孩子成长的道路犹如赛场，他们渴望父母发现自己身上的闪光点，为自己呐喊加油。

周弘是我国著名的教育实践家，他的女儿周婷婷原本是一个聋哑的残疾人，但是周弘却用了将近20年的耐心，不断地鼓励女儿，让婷婷对自己产生信心，认识到自己并不差。在周弘的赏识教育下，天赋不是很好的婷婷反而比其他的孩子优秀很多，最终成为留美博士生。周弘亲身实践出了这一套赏识教育理念，不仅让自己的孩子受益，而且还改变了更多家庭的命运。

周弘认为，赏识教育的奥秘在于让孩子觉醒。他认为，每一个孩子都拥有巨大的潜能，但是孩子在诞生的时候都很弱小，在他们成长的过程中难免会有自卑情绪，这个时候就需要父母的赏识教育了。

德国著名的心理学家阿德勒也曾经透露过在他上学的时候，由于自己完全缺乏数学才能，他对数学毫无兴趣，所以考试的时候经常不及格。但是后来偶然间发生了一件事情，让他的潜能开发出来了。他有一次在无意当中解开了一道连老师也不会做的数学难题，这次成功改变了他对数学的态度，他觉得自己实在是一个天才。在老师和家长的赏识中，他重新树立了自信，从此以后他的数学成绩突飞猛进，他成了数学尖子生。因此，赏识教育的奥秘就在于让孩子觉醒，自觉地发现自己的潜能。

相对于大人来说，孩子知识少，经验少，缺乏思考能力，所以是一个非常容易接受暗示的群体。父母可以对孩子进行暗示教育，或许会收到更好的效果。比如，有的父母想要改变孩子偏食的习惯，一味地劝说他多吃蔬菜，他可能会很不情愿甚至是干脆拒绝。但是父母如果故意装出吃得津津有味的样子，孩子就可能会产生"这种菜很好吃"的猜想，从而对吃蔬菜产生兴趣。

除此之外，父母说话时的声音、手势、表情等也可以形成暗示。比如父母说的同样一句话"你干得好"，但是如果声调、语气和面部表情各有不同，就

可能会给孩子带来不同的感受,同样的一句话,他们可以理解成为称赞、表扬、嘲弄或者是批评。

父母也可以创造出一些特殊的情景,来对孩子进行心理暗示。创设情境暗示的教育方法有很多,比如说针对孩子的某些缺点或者是错误,父母可以选择适当的电影、电视剧,和孩子一起边看边议论,或者给孩子讲一些有针对性的故事,对孩子进行心理暗示。

 ## 珍惜孩子的每一次成功

有时候,孩子的成功总是小得微不足道,妈妈们很容易忽略掉这些可能激励孩子创造发展机会的小小成功。

在各个发育敏感期,如果儿童受到干扰和阻碍,不能正常使用他们身体的各种功能,相关的功能就得不到良好的发展,甚至有可能消失。当孩子成功地画出一幅画、搭好一个小房子时,其实正是运用了他们的大脑,锻炼了孩子的视觉美感和创造力。倘若妈妈不满意孩子拙劣的成功,对孩子说话的语气不当,孩子的信心就会被挫伤,以为自己在这方面真的不行,从此就关闭了相关功能的发展。

想要孩子获得成功,妈妈就应该学会相信孩子,让孩子慢慢独立,安心等待孩子的每一次成功,特别是当他们生疏缓慢地学习新知识时,更要相信他们。如果妈妈不焦躁,静静等待的话,孩子会用平稳的心态去接触、理解新事物。不知不觉间,孩子就长大了,仿佛滴滴细雨汇成江河。所以,放手让他们自己去做。如果孩子做得好,父母不能疏忽,要及时给予赞美和鼓励;如果心里着急,也要静下心来等一等。毕竟我们不能代替他们呼吸,他们长大后只能靠自己,所以应该选择适合孩子生活的方式。

如果父母什么都替孩子做好会很方便,也节省时间。可是,当这个小生命

离开妈妈的身体，降临在这世上时，人生就是他自己的了。孩子出生后，只有剪断脐带，孩子和妈妈才能生存。虽然孩子自己做事又慢又生疏，但我们还是应该耐心等待。如果孩子慢慢做好自己应该做的每一件事，他们就会有成就感，妈妈也能体会到抚养教育子女的欢乐。换句话说，如果父母不放手让孩子自己动手，其实是在剥夺他们自己成长的权利。孩子自己动手做的每一件事情，妈妈都可以当成孩子的一次小小成功，今天孩子能自己叠被子了，今天孩子学会打扫自己的房间了，这些都是孩子的进步。当孩子入学后，离开爸爸妈妈了，孩子能做好学校里的每一件事了。

妈妈可以制作"成功箱"盛满孩子的点滴进步。妈妈都希望自己的孩子听话。一位妈妈从儿子很小的时候开始，逢人便夸奖自己的孩子："我儿子特别听话，从来不惹我生气。"当着孩子的面，她更是毫不吝啬赞美的话语。有朋友到家里做客时，妈妈会说："你看我的儿子，回家总是先写作业，从来不到处去玩。"客人越多，她越这样说。在她经常有意无意的夸奖下，儿子越来越自觉，果然如她所期望的那样，一直都很听话、懂事，很少惹她生气。

这位妈妈还给儿子准备了一个"成功箱"，里面装进了孩子点点滴滴的成就和进步。成功箱里的第一件东西是儿子1岁时画的一幅画，一根歪歪曲曲的直线上画了几个不规则的圆圈，那是一串冰糖葫芦。曾有人问这位妈妈："这也能算成就吗？"妈妈自豪地回答："1岁的孩子就知道冰糖葫芦是由棍跟圈组成的，就已经很棒了。"儿子上幼儿园了，妈妈为他制作了一个成功表，儿子的每一个进步都用象征性的东西贴上去。如今，儿子的"成功箱"已装不下了。

现在的孩子缺少这种成功感。多年来的应试教育培养了大批的失败者。现在提倡将应试教育转化为素质教育，这就给孩子创造了更多的机会。当孩子获得了成功以后，对于大人来说，要郑重其事地为他鼓掌，不要轻视他的第一次成功。孩子的成长，的确像运动员一样，需要别人为他加油。

##  和孩子一起设计奋斗目标

在许多孩子小时候，大人们都喜欢问他们长大了将来要做什么。孩子的理想是五彩斑斓的，有的想做科学家，有的想做艺术家等。可是随着孩子一天天长大，曾经的理想渐渐化为幻影，许多孩子对未来迷茫，不知道以后做什么，每天只是按部就班地机械读书。家长也开始担心自己的孩子明天能做什么。每年高考前填写志愿成为家长与孩子在未来的计划上矛盾激化的焦点。

前不久，中央电视台、四川电视台等多家媒体纷纷采访一名叫赵敏的女生，《大三女生拯救理想，不堪重负她泪流满面》的报道在社会上引起了很大的反响，父母为她选择的医学专业，她痛苦了三年之后又决定放弃，坚决地从大一读起以实现她的服装设计的理想。没有兴趣，为家长而奋斗的理想是痛苦的，也不能促进她今后在岗位上取得好成绩。

小芳很喜爱文学，在高中时多篇佳作在《青年报》上发表，一心想当记者，凭她的成绩进复旦大学新闻系没多大问题。但家长坚决主张让她考二医大（上海第二医科大学），理由是他们将来老了家里有个医生好照应，小芳只能屈服。进了二医大第一年她的成绩也较好，但大二开始学解剖，整天接触福尔马林，使她精神严重忧郁，无法继续学习，只能休学，最后大学也没有毕业。父母懊恼不已："是我们害了孩子啊！"

上文中酿成两名女生的悲剧都在于家长的理想代替了孩子的理想。许多家长把自己当年未完成的梦想寄希望于孩子身上，希望孩子帮自己圆梦。家长们简单地认为："孩子是我的，我把他生下来就有权决定他的一切，包括他的将来。"这种想法对孩子来说是不公平的，当孩子从母体中滑落的那一刻起，孩子和母亲便是两个独立的个体，孩子将要独立承担起生活给予的好与坏，独立面对社会带给他作为人的权利和义务。家长只是孩子实现理想的助手，不能喧宾夺主。

孩子在处事时喜欢体现自我意识，有创新意识和竞争意识，但阅历较浅，考虑问题时往往简单化，而家长具有更丰富的生活阅历，但过于看重现实，如果家长和孩子优势互补，一起设计奋斗目标，家长根据孩子的特长、爱好、条件，帮助孩子确定理想，分析问题的利弊与得失，制订实施计划等，而不是包办代替，家长起辅助作用，做一个民主的家长，让孩子摆正位置，树立远大的理想，孩子会更加尊重你，家庭关系也更融洽。家长还是孩子实现理想的精神支持者、物质提供者。如果家长一味地简单行事，把自己的意愿强加给孩子，只会加剧孩子与父母之间的紧张关系。

家长和孩子一起设计奋斗目标，首先要帮助孩子改变择业观念，学会理解沟通。家长要善于表达自己的意思，要从孩子身心发展的特点考虑问题，多和孩子进行沟通，了解孩子的兴趣、爱好、专长和性格等找到适合孩子发展的方向，不要把自己的意愿喜好强加到孩子身上。如果孩子的想法过于荒诞，家长可以冷静地和孩子分析实现目标的困难。

其次，帮助孩子学会调整期望，变对立为合力。大家都知道"跳一跳摘果子"的道理，可望而不可即的期望只会使人产生自卑和抑郁，最终选择放弃。所以，家长与孩子一起设计奋斗目标时，目标要符合孩子的身心发展规律，符合孩子的个性差异，根据孩子身心发展、兴趣变化和学习水平的实际状态进行调整，从而达到"跳一跳摘到果子"的效果。通过与孩子的沟通，调整期望，变对立为合力，变压力为动力。

再次，帮助孩子建立生活情趣，变潜力为实力。家长应看到孩子身上的特长优势，根据孩子的特点进行有目的的培养，充分挖掘孩子的潜能，还要注意多元智能的开发。对孩子多鼓励，及时肯定孩子的成功，让孩子对自己的未来充满信心。"条条道路通罗马""行行出状元"，只要孩子充分发挥潜能，选

择适合孩子的、有兴趣的理想,将来"爱一行,干一行",总会有出息的。

最后,孩子有了大目标,还要帮助他制定小目标。行为心理学家认为,一个好的计划如能坚持21天,就能成为一种良好的习惯,如能坚持72天,就能内化成为一个良好的品德。因此,家长应帮助孩子制定长期目标,如高一孩子的三年后的目标,十年后的目标;制定短期目标,如学期计划、月计划、周计划,甚至每天的计划,要把理想化成一个个容易实现的小计划。这样,孩子不会觉得理想那么遥远,那么空,一个个小计划实现起来不难,有了信心,就容易完成计划,最终实现理想。

 ## 要求从低到高,每天进步一点点

缺乏把事情做到底的习惯,是许多孩子的通病。我们常可以看到一些孩子学到一半时放下手里的东西,不再学了,又开始干起别的事情来。例如,有的孩子练习钢琴时,开始还把手放在琴键上,没多久就不弹了,开始坐在那里发呆。

有些时候,孩子之所以不能将一件事情从头到尾坚持做好是因为缺乏能够起到激励作用的目标。目标对于一个人的行动具有强大的吸引力和推动力,如果目标是合适、正确的,那么人们就会主动发出积极的行动,朝着目标的方向不断努力。但是,如果制定的目标没有吸引力,或是根本是一个人力所不能及的,那么这个目标非但不会对人起到任何正面的吸引力,甚至还有可能产生阻力。

明明平时考试成绩在班上总是名落榜尾。有一次他考试成绩有进步,名次跃居班里中等偏下,父母知道后兴奋不已,对他说:"这次进步很大,期末一定要考个全班第一!"

听了父母激励的话语，明明不但没有半点喜悦，还背上了沉重的思想包袱，整天唉声叹气。因为他知道，自己在这短短的一段时间里，就是不吃不睡，使出全身解数，也考不了全班第一名。

可见，家长为激励孩子所设的目标既不能太低，也不能过高。就像篮球架的科学设计那样，如果太容易达到，就不容易形成动力；如果太难达到，就会让人望而却步。只有合适的目标才对孩子有吸引力。

心理学上有一个"篮球架效应"，说的是如果篮球架有两层楼那样高，那么对着两层楼高的篮球架子，几乎谁也别想把球投进篮圈，也就不会有人犯傻投篮了；如果篮球架跟一个人差不多高，随便谁不费多少力气便能"百发百中"，大家也会觉得没啥意思。正是由于现在这个跳一跳就能够得着的高度，才使得篮球成为一个世界性的体育项目，引得无数职业篮球运动员奋争不已，也让许许多多的爱好者乐此不疲。

篮球架子的高度启示我们：一个"跳一跳够得着"的目标最有吸引力，对于这样的目标，人们才会以高度的热情去追求。给孩子树立的目标也是如此，一要让孩子力所能及，二要让孩子能够不断提高。也就是说，既要让孩子有机会体验到成功的欣慰，不至于望着高不可攀的"果子"而失望，又不要让孩子毫不费力地轻易摘到"果子"。只有不断给孩子定出一个"篮球架子"那么高的目标，让他"跳一跳够得着"，才能收到好的效果。

根据篮球架效应，妈妈可以采用分割目标的方法，把一个大目标分解成几个小目标，最先拟定容易达到的目标，达到了之后，再开始追求下一个小目标，这样孩子才容易把一件看似很大的事情做到底。就拿学钢琴来说，妈妈在让孩子用功学习时，不要只反复说"好好学习"，而应该说"再学习30分钟"，这样就给孩子定出了短期目标，孩子干起来就有了劲头，而达到目标的喜悦会使他增强实现下一个目标的动力。这种分割目标的方法，既能帮助孩子建立起自信心，还能提升孩子的行动力。

一个中学生每天睡懒觉，早晨6：30才起床。爸爸强迫他每天早晨5：30

起床，6：00开始读英语。一下子提前了一个小时，孩子感到比较为难。妈妈出面调停，允许他6：15起床，他才轻松答应。半个月后，妈妈又让他提前15分钟起床，他又同意了。这样一步一步提高对他的要求，两个月后，他就能在5：30起床了。

总之，妈妈不要从一开始就给孩子提出过高的目标，而使孩子受到挫折。应当适度地定出孩子能够实现，但又有一些难度的小目标，通过小目标的逐步实现，来增加孩子的自信。这样，就可以培养出做任何事都能"持之以恒"的孩子。

 ## 成绩不是衡量好坏的唯一标准

受应试教育的影响，许多家长评价孩子好坏的唯一标准是孩子的学习成绩。他们认为，孩子如果学习成绩好，就是优秀的孩子，将来就有出息，自己的教育就是成功的；反之，如果成绩不好，不管其他方面怎么样，将来也一定没有什么大发展。如果家长持有这种观点，那么无疑对孩子是极为不公平的，从心理学角度讲，这是一种以分数代替一切衡量标准的"晕轮效应"。

在"晕轮"的影响下，家长将注意力集中放到了孩子的不足之处——成绩，于是衍生出一系列孩子"莫须有"的罪状。这也难怪家长，应试教育的直接后果是从学校到家庭，都把分数作为衡量孩子的最主要标准，只要与升学搭边的学科就重视，否则即使大纲有要求，课时也难免被挤占，真正能保质保量上好德育、美育以及劳技课的学校微乎其微。这种"唯分是举"的人才选拔方式，不仅剥夺了孩子正当的娱乐、休息，扼杀了孩子们宝贵的兴趣、爱好，而且将造就缺少生机与活力的畸形人才。

# 第十二章
## 开拓孩子潜力从孩子心理入手

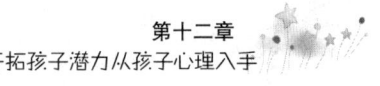

1989年,杭州市天长小学老师周武受邀参加一次毕业学生的聚会。当时他暗自吃惊:那些已经担任副教授、经理的学生,在学校时的成绩并不十分出色。相反的,当年那些成绩突出的好学生,成就却平平。

这个现象引起了周武的好奇心,他开始追踪毕业班学生。经过十年针对151位学生的追踪调查,周武发现,学生的成长是一个动态的过程。在这种动态变化中,小学的好学生随着年级升高,出现成绩名次后移的现象:小学时主科成绩在班级前五名,进入中学后名次后移的,占43%;相反地,小学时排在七到十五名的学生,在进入初中、高中后,名次往前移的比率竟占81.2%。

周武的这个发现正是我们现在经常会提起的"第十名效应",即成绩在班里第十名左右的学生,有着难以预想的潜能和创造力,让他们未来在事业上崭露头角,出人头地。当然,这里所指的第十名并非刚刚好第十名的学生,而是指那些成绩中等的学生。根据周武的进一步解释,处于中等位置的孩子受老师和父母的关注不那么多,学习的自主性更强,兴趣也更广泛。至于那些名列前茅的学生,由于从小就受到父母、师长的过分关注,过分强化学科成绩,反而会扼杀了潜能和学习自主性的发展。

一个人的成功并不完全由学习成绩高低决定。事实上,学业成绩主要考查的是孩子两个方面的能力:逻辑思维能力和语言能力。而人的潜能是多方面的,其他的诸如人际沟通能力、领导管理能力、艺术创作能力、动手能力等,对一个人的成功也很重要,却很难在考试中体现出来。因此,以成绩论英雄,以成绩来评判孩子的好坏,是不科学的。对于每位妈妈来说,鼓励孩子考第一可以,但是也要根据孩子自身的能力来衡量,不要因过分追求成绩而给孩子背负上沉重的压力。孩子是成长中的人,他拥有无限的可能,除了学习成绩以外,他还需要发展各种能力,这当中既包括想象力、创造力等综合素质能力,也包括情绪调节力、情绪控制力等心理能力。

俗话说,"三百六十行,行行出状元",即使孩子考试分数不高,他在其他方面也不一定没有特长和能力。作为妈妈,最重要的是挖掘孩子潜在的特长

和能力，鼓励孩子发展自己的兴趣，施展自己的长处，而并非只关注孩子的学习成绩。此外，妈妈自己一定也要保持一颗平常心，不要为了满足自己攀比、虚荣的心理或是为了让孩子达成自己求学时没能达成的愿望而过高要求孩子。对于孩子来说，拥有健康的体魄，拥有健全的心理素质，拥有最基本的品质道德，拥有快乐成长的环境，这就足够了。

 ## 如何对待学习压力大的孩子

俗话说，井无压力不出油，人无压力轻飘飘。适当给孩子施压是应该的，毕竟每位家长都希望自己的孩子能长成一个优秀的成年人。但是，凡事都应有个度，过重的压力非但不能让孩子获得前进的动力，反而会让孩子感觉到生命所不能承受之重，出现逆反心理，最终事与愿违。

佳佳的父母在社会上都是有头有脸的人物，他们对佳佳倾注了很多心血，同时也为佳佳设置了极高的标准。在学习上，佳佳必须要争第一，因为在父母眼里第二都不是优秀，只有第一才是赢家。

为了达到这个目标，佳佳从小就学习时间长过其他孩子，她没有时间看动画片，没有时间出去游玩，放学后不是参加补习班，就是到钢琴教室弹钢琴。佳佳是个懂事的孩子，为了自己能使父母感到欣慰，她卖力地学习，因此成绩一直都很优异。不过，即便如此，佳佳偶尔也会失去第一名，而这种时候，父母就对她冷言冷语，怪她懒惰不知上进，逼她增加更多的学习时间……

在越来越大的压力中，佳佳的学习成绩反而越发不稳定了，第一名的次数越来越少，学习的后劲也越来越不足。看着同学们进步非常快，而自己却不进反退，佳佳心里产生巨大的挫败感和失落感，同时，本已经受伤的心还

要面对父母越发严厉的批评。最终，佳佳的情绪崩溃了，她变得暴躁不安，情绪波动很大，并且经常失眠。她再也听不进去父母的话了，也不跟同学老师来往，把自己封闭了起来。

父母给予的巨大学习压力是佳佳身心受损的最根本原因。给孩子太大的压力，会使他精神紧张，甚至与父母的期望适得其反。这是因为，人做事的动机如果过强的话，就容易产生压力，从而变得紧张，思维局促，甚至在极端的情况下，大脑会一片空白，这样的情况，当然不利于发挥水平了。只有在动机适度，人比较放松的情况下，人的能力才能才会得到充分的发挥。

所谓的动机，指的是人渴望完成任务的程度。心理学家认为，人的各种活动多存在一个最佳的动机水平。动机不足或者过分强烈，都不是一种好现象，比如一个整日混日子、没有什么理想的学生，很难有学习的兴趣；而一个对学习抱有太大的期待，过分追求学习功利性，学习动机过高的学生，势必会为自己制造巨大的压力，最终影响到他的学习效率，而学习效率的下降，反过来又会增加他的压力。可见，太强或太弱的动机都不利于人的学习和发展。那么，什么样的动机水平才是最适度的呢？

美国心理学家耶克斯和多德森认为，中等程度的动机激起水平最有利于效果的提高。所以，当孩子的压力超过中等程度时，妈妈记得要帮孩子做做情绪按摩，以减轻他的压力。缓解孩子的压力，妈妈可以从以下几个方面着手：

1. 当学校老师为孩子施加压力，让妈妈监督孩子学习时，妈妈最好不要让老师牵着鼻子走，而要做到"不管"和"不说"。孩子们已经够累了，就让他们在这种"不管""不说"中学会自我监督、自我放松吧！

2. 无论妈妈有多紧张，都应该尽量避免在考试期间，与孩子发生情绪上的冲突，增加孩子的压力。

3. 确保孩子作息正常。考试压力过大的孩子可能会在考试期间或者备考期间出现乱发脾气、头痛、发烧、肚子不舒服，甚至失眠等状况。调节孩子身心平衡，让孩子和平时一样吃好睡好，维持正常作息，孩子才能处于最佳状态。

4. 和孩子一起做运动。适当的运动,能够让孩子的紧绷状态松懈下来。几分钟的深呼吸,十分钟的暖身操,花半个小时去游泳、跑步,到公园散布,都是很好的解压方法。

# 第十三章
# 交流密码，做孩子最好的心灵导师

妈妈，我怎么和别人不一样
理解孩子，小孩也会"心累"
哭不代表懦弱，把哭的权力还给孩子
开心的父母才有快乐的孩子
帮孩子拒绝外界的不良诱惑
积极暗示，让孩子摆脱坏心理

## 妈妈，我怎么和别人不一样

随着年龄的增长，孩子感兴趣或觉得好奇的事物会越来越多。大约从4岁开始，孩子就进入了性别敏感时期。为了明确自己的性别角色，孩子开始不断提出关于性的问题，关于自己和另一个性别的人之间的不同，问题层出不穷。这是因为孩子对性不解且感觉好奇，是他们性心理发展的表现。

这个时候，父母的态度对孩子来说就尤其重要。是极力回避斥责，还是正确引导孩子，不同的选择对孩子的影响差别也是极大的。

如果父母比较保守，那么就有可能会对孩子加以斥责，于是孩子的性意识被压抑，心理就无法得到满足。有这样一个现象，当人们十分想得到一件东西的时候，你越是让他们得不到，那么得到它的愿望就会越强烈，孩子也是这样。当他们心理上得到满足，性意识就会得到发展，也就能很好地对性进行理性的控制。反之，如果孩子的性意识发展被干预，那么他们探索的欲望就会更加强烈。在这种强烈好奇心的驱使下，加之孩子没有正确的知识常识，他们就有可能做出一些令他们自己和家人后悔莫及的事情，造成不可挽回的伤害。因此，家长要以正确客观的态度对待孩子所提出的关于性方面的问题，给予正确的引导和在孩子接受能力范围之内的解答，满足孩子的好奇心和探索欲。

在3~5岁这一阶段，孩子很容易对异性的身体产生兴趣，问出"为什么他和我不一样"一类的问题。有时这样的问题会让家长不知道怎么回答，但是如果这个问题得不到解决，孩子在你这里得不到答案，性意识受到压抑，就会自己另找渠道去了解答案，而这些渠道有正确的也有错误的。如果孩子找到的是错误的，那么就会在青春期或以后出现一些错误的行为。家长的正确引导十分

## 第十三章
### 交流密码,做孩子最好的心灵导师

重要,如果引导不当的话,会为孩子带来不利的影响,有时甚至会令孩子形成沉重的心理压力。

小雨今年5岁了,正在读幼儿园。因为爸爸妈妈工作都很忙,所以她一直住在奶奶家,奶奶每天都会来接她。

有一天,奶奶给小雨洗澡的时候,对她说,"小雨以后尿尿的时候不要让男孩看,也不可以看他们尿尿。"小雨就记下来了。

从那以后,她在幼儿园每次上卫生间的时候都会记着关上门,在爷爷和爸爸进卫生间的时候,她也会大声地冲他们说要他们出去。

因为幼儿园的小朋友们都是混住的,本来就不避讳这些,于是小雨渐渐地就不愿意再去幼儿园了。妈妈问她为什么,她也只是涨红了脸,小声说:"幼儿园的小朋友都不知羞。"

奶奶的隐私教育是为了保护小雨,但是却过早地让小雨产生了过度的紧张感,这违背了孩子希望探索的天性,让小雨感到只要被任何异性看到了她的身体,就像被侵犯了一样。当她看到了异性的身体,又会觉得自己不是好孩子从而对自己产生否定情绪。这是不适宜孩子的心理成长的。

如果仔细观察和了解孩子的话,家长就会有许多不同的发现,例如孩子会对妈妈的乳房感兴趣,会对男女生理上的不同感兴趣,会对异性产生比同性更强烈的好感,也会因此而感到害羞。这个时候,家长须尽快满足孩子的好奇心,扫除孩子的羞怯感。一旦孩子的好奇心得到满足,羞怯心得到缓解,那么他们便不会过多纠结于此。

对孩子性方面的问题,家长要尽量客观、自然地去引导,即使孩子表现出不好意思的时候,家长也不能因此而回避。作为家长要知道的是,你是孩子的第一位老师,对他有着至关重要的作用,你对这件事的态度,一定程度上影响了他以后对这件事的态度。

一位妈妈发现他的儿子上幼儿园之后明显对男同学和女同学的态度不

同，特别爱讨女孩子欢心，不仅给女孩子吃自己的零食，还给她们玩自己的玩具。

有一次，一个男孩子和一个女孩子一起到他家来玩。他不停给小女孩好吃的、好玩的，而在一旁的小男孩就受到了冷落。家长看在眼里，就笑他说他的眼里只有姑娘。

异性相吸，本就是自然法则，在孩子身上表现得明显也是正常的。如果家长为了单纯好玩而借此嘲笑孩子，虽然出发的意思是玩笑，但因为孩子此时的分辨力还完全没有形成，他就可能会因为家长的嘲笑而觉得这件事是不正确的，或许从此就会不再如之前一样对待异性，因为混乱而不知所措，从而走向另一个极端。

在面对孩子的种种问题或行为时，家长不用觉得尴尬，这是孩子成长过程的正常反应。用正确的方式来教育，坦然地回答孩子的问题，满足孩子心里的求知欲望，就能顺利帮他们度过性别敏感期。

## 理解孩子，小孩也会"心累"

小迪今年上高三，在某重点高中读书。由于高三功课繁忙，每天都是各科的考试、作业，这让小迪应接不暇，忍无可忍，连碰都不愿再碰书本，直至耐心全无，用尽各种方法逃避，迟到、早退、赖床，无所不用其极，最后索性不再去上课。

小迪的父母很是着急，怎么劝说都没用。问她原因，她也只是说看不清黑板上老师的板书或者身体不舒服等无法说服大家的原因。面对父母的责备，小迪的情绪也反反复复，今天说要考个好大学，明天又说不考了。

# 第十三章
## 交流密码,做孩子最好的心灵导师

小迪的情况其实就是学习上的疲劳。学习上的疲劳分为两种,一种是生理性疲劳,这种疲劳用短暂的休息就能得到消除。另一种是心灵上的疲劳,这种疲劳单靠休息是不行的,小迪这种正是由于功课和考试的紧张所导致的心理上的疲劳。当孩子遇到类似于这种情况时,妈妈就需要严加注意了。

一般情况下,心理疲劳表现为无精打采,对曾经爱好的事物也提不起兴趣。举例来说,体育场上的运动员比赛,胜利的一方会因胜利的喜悦而冲刷掉疲劳,生机勃勃;失败的一方则通常会表现得懊丧不已,甚至会短暂地失去信心。即使提起精神应对下一场比赛,也已失去热情,丧失斗志。

别以为孩子年纪小,就不会感到疲劳。孩子同样会出现心理疲劳的现象,具体到行为上,就会表现为不想上课、不愿做作业、注意力无法集中、对父母过问学习上的事表现得极其不耐烦、上课打瞌睡、下课也不够活跃等。这种心理上的疲劳一般都不是突然发生的,而是因为长时间的压力过大导致精神时常处于紧绷状态。长期在这种紧绷状态下,孩子就会因为精神后劲供应不足而产生心理疲倦,学习精神也随之衰竭。这就像心脏血液的供给,一段时间内处于高速供应状态,一旦出现纰漏,那么就很容易出现心脏衰竭的情况。

科学家研究表明,如果只讨论脑的话,大脑即使在工作8到12个小时之后,也完全感受不到疲倦。那么,孩子的这种疲倦感又是从何而来呢?

如果让一个成年人连续不断地做一件事情时,他也会感到厌倦,孩子就更是如此。厌倦的情绪会令人提不起精神,做事无力也无热情,进而形成心理上的疲劳。如果妈妈发现孩子已经有心理疲劳的迹象,那么就应帮助孩子放松,多和孩子唱唱歌、听听音乐、做做游戏等,多让孩子感受生活的乐趣,同时放松身体。有的时候,身体疲劳的减轻也有助于心理疲劳的缓解。

对孩子过高的期望也会给予他沉重的压力,进而造成心理疲劳。如果孩子达不到家人的期望值,就有可能会对自己的能力产生怀疑,甚至还会自暴自弃,这无论是对孩子当前的学习还是今后的生活都会造成极其恶劣的影响。身为孩子的妈妈,更要经常对孩子表达鼓励之情,巩固孩子的自信心,即使他取得了一丁点的进步,也要及时进行鼓励。成功是一步一步走出来的,即使孩子一时失败了,也要相信他,不要让他过于自责,因为一定的自我反省可以

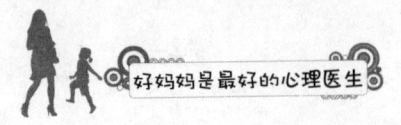

让人得到发展,但如果过于自我苛责的话,非但不会发展,反而会让孩子越发消极。

"股神"巴菲特曾经这样总结他的商业经:"我和你没有什么差别。如果你一定要找一个差别,那可能就是我每天有机会做我最爱的工作。如果你要我给你忠告,这就是我能给你的最好忠告了。"比尔·盖茨和巴菲特总结的也是差不多:"每天清晨当我醒来的时候,都会为技术进步给人类生活带来的发展和改进而激动不已!"可见,保持积极的心态,对所做的事情充满喜爱之情,是避免心理疲劳的最有效办法。

因此,妈妈就要在平日的生活中多挖掘孩子的兴趣,让孩子对所做的事物充满喜爱之情,让他摆脱疲倦的状态重新燃放出活力,这是最重要的。对于学习来说,不以分数为衡量孩子价值的标准,不做横向比较,多做纵向比较,和孩子一起树立近期和远期的奋斗目标,这是妈妈最应该做的事。

总而言之,当你的孩子对事物感到厌倦时,不如就让他停下来歇一歇,告诉他"妈妈理解你","你做到现在已经很棒了,对自己的要求要符合你自己的实际情况,不要过分苛责自己","只要你尽了力,无论什么结果,对于妈妈来说都是最好的"。让孩子感受到来自妈妈的关心、理解和关爱,这是解除他心理疲劳的最有效的办法。

##  哭不代表懦弱,把哭的权利还给孩子

对于刚刚来到这个世界上还在牙牙学语的孩子来说,可以让他哭的理由实在是太多了:饿了会哭,渴了会哭,哪里碰到桌子碰痛了会哭,想要一件东西妈妈不给买还是会哭……哭泣是他们和这个世界沟通主要使用的一个方法,因为那样会引起大人的注意,最终达成自己的目的。

等到孩子慢慢长大,懂得了越来越多的东西,明白了遇到什么事情该哭什

## 第十三章
### 交流密码，做孩子最好的心灵导师

么事情不该哭，能让自己哭的理由也就越来越少。或者也可以这么说，当孩子长大以后，他就会克制自己，不让自己再如同小时候一样肆无忌惮地放声大哭。可是，当一个人不再哭泣，他也就失去了发泄的渠道，久而久之憋压在心里的情绪就会超过负荷。一旦承受不住，一系列问题也就随之产生了。

很多家长都不喜欢孩子哭鼻子，他们会在孩子哭得厉害的时候大声地呵斥孩子："不许哭，都多大了，还动不动就哭！"于是，孩子会在大人的权威下止住眼泪，然后憋在心里，可是，谁又说过长大了就没有哭泣的权利了呢？

桔子今年上初三，因为学业突然加重导致她一时半会儿还有些不适应，成绩下滑，最近的一次班委竞选也失败了，所以桔子每天都闷闷不乐的，心情难过又不知道怎么排解。想大哭一场，却忽然想起自己已经很多年没哭过了。

在桔子的家里，哭泣就是软弱的代名词，桔子的爸爸妈妈从小就教导她要坚强勇敢，即使想哭，也要把眼泪吞回去。

所以，桔子从小到大哭过的次数用一只手的手指都能数得过来。慢慢地，班主任注意到桔子每天无精打采，状态十分不佳，终于把她叫到办公室去，引导桔子大哭了一场。

哭过之后的桔子感到全身上下都放松下来了，于是毫无负担地继续努力学习，很快，成绩便有了明显的提高。

在医学上和心理学上都说过哭泣发泄情绪的方式，是缓解压力治疗坏情绪的良方，无论是大人还是孩子，当无法用自控力来控制自己的紧张和压力时，哭泣都是宣泄情绪的一个好方法。

以前很受欢迎的一档叫作《芝麻街》的节目里有一首歌，这首歌也引起了很多妈妈的共鸣。歌词是这样写的：

哭泣没有关系，

当你感到痛苦，你可以哭。

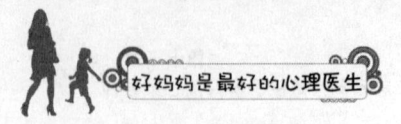

当你摔倒流了血，你可以哭。

当你觉得孤独无助，找不到人跟你分担，你可以哭。

哭泣没有关系。

是的，哭泣没有关系，哭泣是自然的康复过程，是放松压力的一种方式。哭泣，并不代表懦弱。对于孩子来说，他们不会写日记，不会像大人一样找到三五好友倾诉心事，他们只会用最直接最有效的方式来表达心情的不快，而哭则是释放他们消极情绪的最好方式。如果这个时候，家长用大人的理智来制止孩子哭泣，那么孩子的消极情绪得不到宣泄和缓和。这样一来，他们又怎么去掉包袱，感到身心的愉快呢？

"男儿有泪不轻弹"，许多小男孩更是从小就被教以这样的观念。后来他们长大了，才知道这句话后面还有一句话没说，那就是"只是未到伤心处"。男孩相对对于女孩来说，似乎眼泪更少，因为在很小的时候他们就会被家长灌输"男生只能做强者"的思想，而哭则是懦弱的表现，所以他们更是会收起自己的眼泪。但事实上，那些在困难的时候知道哭泣的人，往往比硬憋着不哭的人更快乐，遇到事情的时候也更坚强。这是因为，他们将消极情绪都释放了出去，剩下的就是健康乐观的心态。在遇到事情的时候，他们非但不会顾虑重重，反而更能勇往直前，尽自己最大的努力做好交给他的事。

有一位家长在回忆童年的时候提到了这样一件事，小时候她和弟弟一起生活，弟弟从小争强好胜，老是抢她保护得好好的零食吃，每次她的零食被弟弟抢走之后，她都难过委屈地想哭，大人不解，说："这有什么好哭的？"忽视了她的感受，对她的童年造成了深深的伤害。

从此以后，每次她想哭的时候都会憋住不哭，因为她知道那样得不到大人的谅解。久而久之，便从心理上对大人渐渐疏远。

等到她长大之后再来回忆，她就觉得如果当时大人能安慰她一句"弟弟这样做是不对的"，她也不用在那么小的时候感受到痛苦的滋味。于是，在她有了自己的孩子以后，每当孩子哭泣时，她从来不会感到厌烦，而是常常安静地在一旁抚慰他,等待孩子的情绪渐渐恢复平静。

当孩子哭泣时,家长要做的首先是弄清楚孩子哭的原因,然后和孩子一起找出解决的办法,也可以鼓励他用语言来表达自己的情绪。读懂孩子,在实际事物中拿捏好分寸,安安静静地让他哭,这是孩子应该有的权利。

所以,如果你的孩子伤心哭泣的时候,不要着急用各种办法让他停止哭泣。告诉他:哭没有关系,但是不能只会哭泣,要在哭过之后擦干眼泪,重新振作起来,那么抬头看到的又会是一片蓝天。

# 开心的父母才有快乐的孩子

对每个妈妈来说,让孩子生活得幸福快乐,让孩子时刻感受到自己被爱和快乐所包围,是宁愿倾自己所有也愿意为孩子实现的。从某些方面来讲,孩子的幸福就是为人父母的幸福,当你忙碌一天回家,看到孩子那张洋溢着快乐阳光的脸时,便会觉得再辛苦也是值得的。

如何才能让孩子体会到幸福快乐呢?妈妈永远都是孩子的典范,一个懂得营造轻松家庭气氛,让家里充满温馨,懂得如何让生活轻松而快乐的妈妈,孩子的成长中所起的作用是老师或者孩子周围任何其他人都替代不了的。美国作家杜利奥曾说过,只有开心的父母才有快乐的孩子。

金金是某家金融行业公司的一名白领,外表永远光鲜亮丽,每个人看到她都觉得她朝气蓬勃。

可是,在一次和朋友聚会后,金金颇为感慨地对朋友小于说:"每次回家看到我愁眉苦脸的爸爸妈妈的时候,你不知道我的心理压力有多大。看到生活得不快乐的父母,我心里就想以后不要结婚不要当妈妈。"

对于孩子来说，家庭是可以避风的港湾，即使受到再多伤害，只要一回到家，就能重获安全了。在一个幸福快乐的家庭里成长起来的孩子，比那些在不幸家庭里的孩子要幸福得多，因为他们从小被快乐的氛围所熏陶，自然就会有乐观的性格，遇到事情能以乐观的心态看待并积极地想办法去解决，而不是消极地逃避或者听之任之。

孩子的情绪很容易受到大人的影响。做一个快乐的妈妈，比做一个为了孩子而放弃了快乐的妈妈，为孩子带来的幸福要更加长久。有些父母省吃俭用一生，为孩子牺牲太多，每天很少有余力去发掘自己的兴趣，这也相当于放弃了自己的一部分快乐。每个人都有自己的精神世界，放弃了自己兴趣和快乐的父母无形中就会将自己放弃的东西寄托在孩子身上，这样一来免不了会为孩子带来压力。试想，一个背负了巨大压力且生活在没有欢声笑语的家庭里的孩子，又怎么能感受到快乐呢？

小林在和朋友的一次聊天中，回忆起了年幼时爸爸妈妈为了节省从未吃过一顿好的，从未穿过一件好衣服，感慨不已。于是，他下定决心："一定要舍得为自己花钱，平时多出去玩玩，和朋友到处逛逛，要让自己开心，不要想着为孩子省钱而放弃了自己的快乐。即使你已为人父母，也有享受自己生活快乐的权利。"

坐在小林对面的一位朋友对此也深感认同。她的妈妈是一位永远懂得如何追求自己的生活目标的人，"每次想到妈妈，我就可以全身都充满活力去追求自己的目标，战胜困难。"

只有自己先感到快乐，才能带给别人快乐。只有家长自己心灵得到充实以后，才会由内而生出乐观积极的心态，并将这种乐观积极的心态传递给孩子。拥有物质上的一切并不代表快乐，真正的快乐是极易感染到他人，让他人从心里感到温暖和快乐的。营造和谐快乐的家庭氛围，将自己的快乐传递给孩子，就能让孩子更快乐。

要营造快乐的家庭气氛，妈妈不妨偶尔制造一些意外的惊喜。比如，圣诞

节的时候给自己戴一顶圣诞帽,然后在孩子的鼻子上放一只红红的麋鹿鼻子,让他觉得很滑稽也很快乐。再比如,休息日带着孩子出门踏青,多接触大自然,给孩子一个可以接触新鲜事物的机会,培养他开朗豁达的心境。

当你心情愉悦的时候,不要吝啬表达你的快乐心情,不妨笑出声来。有的家长为了保持威严,经常在孩子面前摆出一副严肃的形象,殊不知那只会让孩子不敢再与你接近,而笑声则能让你与孩子的距离更加近。妈妈们,不妨多笑一笑,在有益自己身心的同时,也能让孩子得到快乐。

## 帮孩子拒绝外界的不良诱惑

随着社会的高速发展,孩子所能接触到的新鲜事物越来越多,在丰富了孩子童年环境的同时,也会为关心孩子的妈妈带来一丝隐忧,因为有些事物可能会对孩子的成长发育和心智发展造成不利的影响。为了防患于未然,让孩子远远脱离这些危险,妈妈就要让孩子学会拒绝外界的不良诱惑。

拒绝诱惑最重要的就是要形成自控力。人的自控能力并非天生就有,而是在后天的环境中,随着对事物认识的发展以及所受教育的影响而产生的。在日常学习生活中,孩子接触最多的非游戏莫属,孩子喜欢游戏是众所周知的,所以妈妈不妨借助游戏的力量帮助孩子形成自控力。比如,当孩子玩拼图类游戏或者拆卸旧物件游戏的时候,孩子对于手部动作和材料的专注力较大,但对外界抗干扰能力较差,同时对在动作的反复过程中的游戏规则比较容易忽略,所以此类游戏就特别能锻炼孩子对游戏和外界的控制能力。此外,一些需要孩子发挥耐心的游戏也可以帮助孩子形成良好的控制力,妈妈不妨多和孩子进行这一类的游戏训练。常进行有目的性的训练,妈妈就能看到满意的结果。

妈妈就是孩子的榜样。孩子在出生后的前几年,对于知识以及新事物的接收学习就在于模仿,他们极其容易受到外界的感染,情绪也很容易被周围事物感染，这也是为什么经常几个孩子在一起一个孩子哭就能带动全体哭的原因。所以，妈妈要给孩子树立一个易于控制自己的榜样，让孩子看到自己的控制行为，给孩子做好榜样和示范。这样一来，随着意识的潜移默化，孩子自然就能懂得理解关于自控的含义并且能够熟练地运用了。

当然，这个过程是缓慢甚至艰辛的。孩子的不稳定性需要妈妈有长久的耐心，当孩子表现良好或是较好地控制了自己时，及时给予适当的奖励，让孩子认为这个活动有趣而且充满挑战，于是孩子就会为了下一个奖励而充满斗志，难度也会减轻。

这种奖励可以是物质上的也可以是精神上的，但是尽量不要给孩子过多的物质上的奖励，要让孩子从精神上，从内在上，为自己感到满意，为自己的成果感到满足，形成家长与孩子之间的习惯。需要注意的是，当孩子按照要求或标准做了以后，家长就要及时兑现自己的承诺，不能让孩子对家长失望。只有家长言出必行，孩子才会养成同样的好习惯。

除此之外，妈妈还要让孩子了解不同诱惑之间的区别，哪些诱惑会让自己犯错，哪些诱惑会伤害到别人，哪些诱惑甚至会影响到自己的人生，这些都是要一一说明的。孩子在小的时候并没有准确的判断力和明确的是非观，只有不断地进行渗透和正确的引导，才能确保孩子的身心健康成长。

2009年3月10日，2000多名母亲和孩子齐聚华南师范大学附属中学体育馆，联合签名呼吁帮助孩子抵制网络诱惑，万名母亲网络签名，期望孩子与家长共同搭建一个抵制不良网站的平台，遇到随便让不满18岁孩子进入的网吧和不良网站，及时举报。

被采访的高一年级的一位姓张的同学说，网络有自由平等也有虚伪，她不高估自己的自制力，所以希望家长能够帮助自己。此外，她还发布了倡议书，倡议妈妈们要多与孩子沟通，与孩子一起应对网络中的种种问题，一起解决，以培养孩子良好的分辨能力和自我控制能力，远离有害信息。

从以上事例当中不难看出，妈妈除了要让孩子逐渐养成自控的习惯外，还要让孩子知道为什么要抵制诱惑，用实际行动来告诉他。当孩子看到妈妈所做出的正确引导后，就会知道如何去抵制，以及抵制的方法。

磨砺孩子的意志，培养孩子顽强的毅力，这是抵制诱惑的根本。最后，还要有慈悲善良的心，孩子的本性总是好的，只要多加指点，列出事实的正面反面，多引导孩子去考虑别人的感受，就能让孩子远离诱惑。

## 积极暗示，让孩子摆脱坏心理

东汉末期，群雄割据，战乱迭起。一次，曹操带兵打仗，路上天气炎热，战士们都口干舌燥，前进得十分困难。忽然，曹操指着前方某一处，大声对战士说："前方有梅林。"于是士气大振，立刻口生唾液，曹操的队伍也由此重现了生机。

其实，根本就没有什么梅林，只是曹操对战士们进行的心理暗示让他们找到了出路。

心理学家巴甫洛夫认为，暗示是人类最简单、最典型的条件反射。所谓心理暗示，是指人接收到的愿望、观念、情绪、态度等影响的心理特点。

心理暗示会对人产生强大的力量。同样，心理暗示对于培养孩子的性格、学习和生活习惯以及意志品质方面起到不可低估的作用。这些作用有积极的，也有消极的。积极的心理暗示往往比说服教育要好，能融洽父母与孩子之间的关系，含蓄又委婉，有利于孩子在无形中养成良好的性格和心态，帮助孩子往好的方向发展，在积极暗示下成长起来的孩子心智发展也更全面，品格也更优秀。消极的暗示则是孩子心灵的腐蚀剂，让孩子情绪低落，产生自卑和自弃的心理，让孩子脆弱而娇气，很容易被困难打倒且一蹶不振。

有一天幼儿园放学，蓉蓉和乐乐一起下课牵手出了校门，站在校门对面的蓉蓉的妈妈和乐乐的外婆，一起等着他们。

两个孩子手拉着手，蹦蹦跳跳地朝着妈妈和外婆的方向跑过去，可是一不留神，"砰"的一声，蓉蓉摔倒在了地上，乐乐被她顺势拉了下去，也摔在了蓉蓉的身边。

两个孩子开始还没哭，完全没怎么反应，只愣愣地看着妈妈和外婆焦急地向这边跑来。

蓉蓉妈妈一把把蓉蓉抱在怀里，问："宝贝摔疼了吧？痛不痛？"蓉蓉听到妈妈的安慰，眼泪哗地掉了下来，特别委屈地哭了起来。

这个时候，乐乐外婆也把乐乐拉了起来，拍了拍乐乐说："没有什么，宝宝一用力就可以起来了，外婆带你去看看那边是不是有好玩的。"于是乐乐立刻乐颠颠地起来，安慰了一会儿还在哭的蓉蓉，跟着外婆乐颠颠地走了。

其实刚开始蓉蓉和乐乐都没哭，蓉蓉妈妈的话暗示蓉蓉自己摔倒了是很疼的，于是就开始哭。但是乐乐外婆暗示乐乐摔倒也没有什么，并且很快忘记了摔倒的疼痛。同样是摔跤，不同的心理暗示带来的效果是截然不同的。

每天，孩子都能接收到不同的暗示，这些暗示可以从身体、眼神、神态等各个角度传达给孩子。有调查表明，几乎90%在品质、意识和智力方面有杰出表现的人，在自己的童年或少年时期都受到过来自亲人的积极暗示，最多的来自妈妈，有的来自爸爸、老师、祖父母等。而在这所有的暗示中，来自妈妈的暗示是孩子健康成长的关键，因此妈妈平时就更要特别注意多给孩子积极的暗示，让孩子保持乐观积极的心态，从而有助于他身心的健康发展。

给予孩子积极的暗示，最重要的就是要注意平时与孩子交流中说话的方式，同一个意思用不同的句子说出来，效果可能就会截然不同。例如，当你想让孩子变得更独立，就要告诉他独立的种种好处，而不能说"如果你不独立，妈妈就不要你了"这一类话来刺激孩子。如果你想让孩子不怕黑，那么可以给孩子讲关于黑夜的美丽故事，黑夜里，星星们在悄悄地说话，花儿们也在静静的绽放，让孩子心生向往，从而不再怕黑，而不是给孩子讲关于黑夜的可怕，那样只会令孩子更加消极。

积极的暗示犹如一阵润物无声的细雨，在潜移默化、不知不觉中影响着孩子稚嫩的心灵。因此，无论何时何地，一个称职的好妈妈都有责任和义务将一种积极心态、积极情绪传递给孩子，牵引着孩子朝着健康、积极向上的成长之路前进。

# 第十四章
## 建立自信，让孩子勇敢地去交朋友

接纳自己是自信的前提

培养孩子的自信，从生活细节入手

学以致用，让孩子在交往中变得宽容

纠正孩子的依赖心，远离社交恐惧

训练勇气，让孩子在社交场合不退缩

别以"保护"的名义"离间"孩子

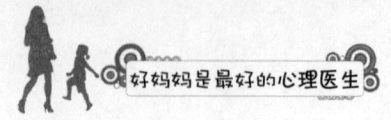

##  接纳自己是自信的前提

美国职业橄榄球联会前主席杜根曾经提出过这样一条定律：强者不一定是胜利者，但胜利迟早都属于有信心的人。后人把这条定律称为"杜根定律"。

这条定律揭示了自信对人的影响力。自信是一种自我肯定、自我鼓励、自我强化，坚信自己一定能成功的心理素养。没有自信心，就没有对生活的热情，也难以体会到生活中的乐趣，因此也就丧失了探索拼搏的勇气和力量。

著名心理学家马斯洛也指出，人应该要有自信心，同时他鼓励人们把奋斗目标定得高一些。他要求他的学生们努力去做一个积极的人，对一切充满自信。

自信是孩子健康成长不可或缺的因素。当然，其他因素也非常重要，但最基本的条件是孩子要有激励自己达到所设定目标的积极态度。自信的孩子是了不起的，他们遇到困难不退缩，也不恐惧，就是稍感不安，最后也都能实现自我超越。他们积极而充满活力，每时每刻都保持着一种饱满的精神状态，他们了解自己，意志坚定，不会因外界的评价而欣喜若狂或者自怨自艾，自信使得他们一往无前，不会受到伤害。

英国作家约翰·克里希年轻时立志创作，不过他既没有大学文凭，也没有靠山，但他有自信。他向许多出版社投稿，结果均被退回，得到的退稿单高达743张，但他从来没有把退稿归咎于自己的无能，没有妄自菲薄，没有一蹶不振，而是满怀信心地继续写下去，最后终于成为著名作家，使人们能欣赏到他的作品。

## 第十四章
### 建立自信，让孩子勇敢地去交朋友

可见，自信心是克服困难的强大动力，未成年人在成长的路上总会遇到挫折、失败，关键要看如何对待。那么怎么才能建立起孩子的自信呢？其中最重要的一点是让孩子学会接纳自己，不要用自己的短处去和别人的长处比较，而是应该坦然面对自己的不完美，在充分地认识自己特点的基础上去做好自己能够做好的事情。当孩子完成这些事情的时候，他的自信心就会增强，时间久了，孩子就会成为一个自信的人。

韩国18岁少女喜儿弹奏的钢琴曲非常动听，吸引了不少听众。

喜儿的双腿比正常人的短，而且每只手上只有两根手指头，她并不聪明，只有7岁小孩的智力。但这个少女似乎对自己的命运非常满意，丝毫没有察觉到自己的缺陷，而且非常刻苦地练习钢琴。在她看来，正是因为自己只有4根手指，很多人才喜欢听她演奏，她感觉幸福极了。

她喜欢自己，接纳自己，丝毫不在意旁人奇怪的目光。这种健康心态是因为她有一位懂得教育的妈妈。

曾经有记者采访喜儿的妈妈："当您第一次看到孩子手指的时候，您是什么感受？"

喜儿妈妈说："我觉得我们家喜儿很漂亮，当她晃动两根手指时，就像绽放的花朵一样美丽，我经常对喜儿说，'宝贝，你的手指真漂亮，咱们换手指，好吗？'"

喜儿的妈妈丝毫不在意别人对喜儿的评价，她总是不停地告诉喜儿："你的手指是世界上最漂亮的手指。"因此喜儿丝毫没有被身上的缺陷所伤害，她总是快快乐乐的。

喜儿的自信来源于她对自己的接纳。试想，一个连自己都不肯接纳的人，他的生活怎么会五彩缤纷呢？

接纳自己是指人对自身以及自身的一些特征所持的一种积极的态度，也就是能够欣然接受现实中的自己，无论自己是完美无瑕还是有一定缺陷，都能去接纳自己，喜欢自己。

接纳自己是孩子心理健康成长的前提，也是培养孩子自信心的关键。孩子最初的评价源自父母、老师以及其他长辈对他的评价。如果这些人对他的评价是肯定的，如"是个好孩子""真漂亮""好聪明"等，那么孩子的自我接纳就是正面的，他会肯定自己，不断完善自己，并且最终变成一个自信的人。

如果你的孩子很自信，心态积极上进，那么就证明他能够接纳自己。如果你的孩子总是自卑、讨厌自己，那么很可能是因为孩子不能够很好地接纳自己。家长最好先反省自己和他人对孩子的教育，然后屏蔽那些消极的评价。你要告诉孩子：要客观地面对外界的评价，如果这个评价是正确的，就可以接纳它；如果它是因为某一件事情而产生的，那它就是带有偏见的，就要勇敢拒绝它。要让孩子知道，不论自己有什么优点或者不可改变的缺陷，最好的选择就是无条件接受它，然后快乐自信地生活。

## 培养孩子的自信，从生活细节入手

心理学家认为，每个孩子对自己都或多或少带有一些不恰当的认识，自卑就是一种过多的自我否定而产生的自我贬低的情绪体验，是一种认为自己在某些方面不如他人的自我意识和自己瞧不起自己的消极心理，它是由主观和客观原因造成的。

人的自卑心理来源于心理上一种消极的自我暗示，即"我不行""不可能"等，对自己的能力、学识、品质等自身因素自我评价过低，在日常生活中表现出行为畏缩、瞻前顾后、心理的承受能力较弱、经不起较强的刺激、谨小慎微、多愁善感等。

周源一直认为自己是一个一无是处的女孩，原因出在刚上初一的时候。

# 第十四章
## 建立自信，让孩子勇敢地去交朋友

周源还清楚地记得那时自己很想在第一次考试中考一个好成绩，结果失败了，只考了76分。那次测试对周源这个从来没考过90分以下的女孩来说，是一次沉重的打击，使她丧失了认真学习的信心，更加丧失了勇气和力量。

还有一件事情，自从上初中以后，周源觉得大家都瞧不起她，原因是她太矮："周源，你看我们可是一年出生的，不过我比你高多了，你真是个矮冬瓜！"

看着同学们眼中充满嘲笑的目光，周源心里异常难受，于是她每天天不亮就起床，围着小区跑4圈，严寒酷暑从不间断。可是跑了一年，妈妈一量才长高了2厘米。不知怎么同学们知道了这件事情都哄堂大笑。每每想起这些，周源心里就感到一阵难过："我是不是太没用了？""我本来就这么差吧，再努力也赶不上其他人，还是算了吧。"

长期被自卑情绪笼罩的孩子，一方面感到自己处处不如别人，一方面又害怕别人瞧不起自己，逐渐形成了敏感多疑、胆小孤僻等不良的个性特征。自卑使他们不敢主动与人交往，不敢在公共场合发言，消极应对生活和学习，不思进取。

心理学家指出，因为孩子自认是弱者，所以无意争取成功，只是被动服从并尽力逃避责任。自卑不仅会使孩子心理活动失去平衡，而且也会引起孩子的生理变化，最敏感的是对心血管系统和消化系统产生不良影响。生理上的变化反过来又影响心理变化，加重孩子的自卑心理。在自卑心理的作用下，他们遇到困难、挫折时往往会出现焦虑、泄气、失望、颓丧的情感反应。一个孩子如果做了自卑的俘虏，不仅会影响身心健康，还会使聪明才智和创造能力得不到发挥，使人觉得自己难有作为，生活没有意义。

虽然自卑是每个孩子都会有的心理现象，但是一个成功的妈妈能够引导孩子克服自卑、超越自卑，能够帮助孩子合理地调节心理承受力，从而成功地做好事情。那么妈妈可以用什么方法来帮助孩子进行自我调控呢？古人说"有长必有短，有明必有暗"，所以每个孩子都是一样的，人人都有自卑的一面。而在通往成功的路上，只有战胜"自卑"，才能成为一个自信的成功者。我们都

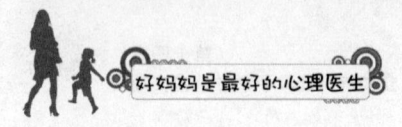

知道，在搏击中，最好的防卫方式是进攻。同样，在战胜自卑的过程中，最好的方式就是在内心中树立起自信，用自信去驱逐内心的自卑。对此，心理学家给出了以下的方法。

首先，妈妈要教会孩子运用全面、辩证、发展的观点看待自己和周围的事物，认识到人不会是十全十美的。人是追求完美、不断完善的，但对于自己的缺点也不能悲观，不能把其视为缺陷。

其次，妈妈帮助孩子确立一个奋斗目标，让孩子通过努力，突出自己某一方面的特长，从而弥补自己心理上或生理上的缺陷。这就是心理学上的"代偿作用"，即扬长避短，把自卑转化为自强的动力。

最后，妈妈还可以从孩子生活中的细节入手，鼓励孩子树立起自信。比如让孩子在班上坐前面的位子。许多孩子在上课或参加集体活动时，喜欢挑后面的座位。其中的原因，多数都是希望自己不要太"显眼"。而这正说明他们缺乏自信。请从现在开始，鼓励孩子尽量往前坐吧！当然，坐前面是会比较显眼，但要知道，有关成功的一切都是显眼的，让孩子学会正视别人，不正视别人通常意味着："在你面前我感到很自卑，我感到不如你，我怕你……"而正视等于告诉别人："我很诚实，光明磊落，毫不心虚。"正视别人，不但能带给孩子自信，也能为孩子赢得别人的信任。将孩子走路的速度提高25%，许多心理学家认为懒散的姿势、缓慢的步伐常与这个孩子对自己、对生活以及对别人的不愉快的感受有关。而借着改变姿势与步履速度，可以改变心理状态。普通孩子走路，表现出的是"我并不怎么以自己为荣"，另一种孩子则表现出超凡的信心，走起路来比一般人快，像在告诉全世界："我要到一个重要的地方，去做重要的事情。而且我会做好。"使用这种加快步伐的方法，孩子就会感到自信心在滋长。相信长久下去，孩子一定能够变得自信满满。

 ## 学以致用，让孩子在交往中变得宽容

"你为什么踩我？我打死你！"

"你和别人说我的坏话，这个仇我会记一辈子！"

"上回你不把课外书借我，这回凭什么让我把练习册借你？"

仇恨是什么？心理学家们这样形容：仇恨就是孩子心里长的一个毒瘤，它会随着仇恨的增长而在孩子的体内长大。孩子面对他们不喜欢的人会说："我恨死他了。"其实，恨一个人，无论是对自己还是对对方都没有任何好处。

现在的孩子大都以自我为中心，很少有宽容之心，不管发生什么事情，很多孩子首先想到的是自己而不是别人。其实，一句"对不起"，一句"没关系"，完全可以把复杂的事情变得简单。要消除仇恨就需要谅解，一个不肯理解别人的孩子，其实就是不给自己留余地，因为每一个人都有犯过错而需要别人理解的时候。理解能带来宽恕，宽恕能带来和谐。妈妈应该让孩子明白，人人都有缺点和不足，只要不是特别过分，就应该理解和宽容。

三国时期的蜀国，在诸葛亮去世后任用蒋琬主持朝政。他的属下有个叫杨戏的，性格孤僻，不善言语。蒋琬与他说话，他也是只应不答。

有人看不惯，在蒋琬面前嘀咕说："杨戏这人对您如此怠慢，真是太不像话了！"而蒋琬却坦然一笑，说："人嘛，都有各自的脾气秉性。让杨戏当面赞扬我，那不是他的本性；让他当着众人的面说我不好，他也会觉得我下不来台。所以，他只好不作声了。其实，这正是他为人的可贵之处。"后来，有人赞蒋琬"宰相肚里能撑船"。蒋琬之所以能够"宰相肚里能撑

船",正是由于蒋琬能够理解杨戏的不足。

让孩子学会以一颗平常心来对待别人,真正理解别人,因为每个人都有这样或那样的缺点,也会犯这样或那样的错误,只有学会理解别人,才能容忍别人的缺点和错误。也只有这样,才能真正体会到宽容的意义。要让孩子学会这些,让他们在与同学或小伙伴的交往中变得宽容是个不错的选择。

在孩子与同伴交往的过程中,妈妈要特别注意引导孩子理解和宽容比自己强的同伴、比自己"差"的同伴以及自己的竞争对手,帮助孩子学会不嫉妒比自己强的同伴,不嘲弄比自己"差"的同伴和不故意为难自己的竞争对手。孩子真正学会了理解,才能真正做到向比自己强的同伴学习,帮助比自己"差"的同伴,学会与竞争对手合作。通过和同龄人的交往,他们才能体会到宽容的意义,体验到宽容带来的快乐。

要让孩子在与人交往中学会宽容,还有一个特别有用的方法,那就是换位思考。许多孩子只习惯于从自己的角度思考问题,而不习惯站在别人的角度思考问题,这也是造成矛盾的主要原因。

上星期妈妈给朱宇买了台最新款的PSP(多功能游戏机)。朱宇特别高兴,到哪里都把玩着那台PSP。赶巧隔壁的杨博然见了朱宇的PSP,非要借过来玩两天,朱宇哪里会答应,于是两个孩子为这事儿争执起来。

"你到底借不借?"

"不借!就是不借!有本事自己买去!"

"好啊,你……"

情急之下,身材魁梧的杨博然推了朱宇一把,朱宇一个跟跄跌倒在了花坛边。凑巧的是正好被朱宇妈妈下班回家看见,朱宇看见妈妈委屈得"哇"地哭了出来:"妈妈,杨博然是个坏家伙,你教训他!"

看见这架势,杨博然哪还管得上什么PSP,一溜烟就跑了。

了解了事情的经过,妈妈说:"儿子,小伙伴经常在一起玩,磕磕碰碰是难免的,哪能说翻脸就翻脸啊,这样的你可真是太小肚鸡肠了点啊。"

"可是妈妈,是他有错在先。"

"儿子,谁都有做错事儿的时候,将心比心,平常你和杨博然玩得最好,这事儿说不定他比你还难受呢。"

经妈妈这么一开导,朱宇终于缓过了这口气:"也对,那我就听妈妈的,原谅他这次吧。"

心理学中,换位思考是指当双方产生矛盾时,能够站在对方的角度思考问题,思考对方何以会如此行事、如此说话。如果真的能够做到这一点的话,就能够理解对方,从而减少很多不必要的矛盾。比如站在妈妈的角度上考虑,就会理解妈妈的良苦用心;站在奶奶的角度上考虑,就会理解老人的那份关爱和唠叨;站在老师的角度上思考,就会理解老师的艰辛;站在同学的角度上思考,就会觉得大多数同学是可爱、可亲、可交的。

所以,多给孩子创造机会接触同龄的人,在交往当中取长补短,提高人际交往能力及社会适应能力,养成良好的性格,教孩子在与人交往的过程中学会心理换位从而原谅对方的错误是非常必要的。

## 纠正孩子的依赖心,远离社交恐惧

孩子害怕与人交往。

孩子不敢与陌生人说话。

孩子没有朋友。

孩子不愿意到人多热闹的场合玩耍。

社交是生活中人人不可缺少的活动,但有的孩子怕见生人,甚至与熟人谈话时都感到紧张和脸红,不愿到人多的场合,有时会口齿不清、口吃、不敢抬

头看人。严重时,在与人交往中,孩子还会出现惶恐不安、出汗、心跳加快、手足无措等现象,孩子的这些行为是否让妈妈感到非常烦恼?其实这些现象在心理学中被称之为"社交恐惧"。

凯凯今年4岁了,原来一直都是爸爸妈妈带他,后来随着工作日渐繁忙,爸爸妈妈照顾孩子的时间也越来越少,于是爸爸妈妈将他送到了幼儿园,想让他适应一下集体生活。

没想到几周后,幼儿园老师打电话来,告诉凯凯的父母,凯凯可能有社交恐惧症,建议进行心理辅导。爸爸妈妈很是诧异,每天上下学接送,凯凯一看见父母就笑逐颜开,回家也不停地说在幼儿园学到了什么新东西,没看出任何异常。

于是爸爸决定请一天假,到幼儿园看个究竟。

在老师的陪同下,爸爸来到了凯凯的班级,躲在窗外观察。他发现,无论是上课还是自由活动,凯凯总是一个人躲在小朋友们的后面。老师上课提问叫到他,他低着头、红着脸,不知道嗫嗫嚅嚅地在说什么;自由活动时,大部分小朋友都聚在一起玩,但凯凯却一个人搬着小板凳在边上独自玩积木。

同时,父母注意到,晚上带凯凯散步,见到同院的叔叔阿姨,他从来不叫,要么装没看见,要么死命地拽着妈妈的衣角,往身后躲。而且也不常和同院的小朋友一起玩耍,有时候妈妈把他送去楼下的儿童乐园,让他和别的小朋友一起玩,不一会儿,他就自己回家了。

其实,这样的现象在许多孩子身上都很常见。心理学家告诉我们,孩子由于缺乏独立生存能力和社交经验,在离开父母,独自面对陌生人的时候,会产生焦虑。随着和陌生人交往次数的增加,焦虑逐渐降低,最终会成为"熟人"。但如果长时间、反复出现持续的焦虑情绪和回避行为,就表示有社交恐惧症的嫌疑了。这样的孩子常常被某些家长误认为孩子老实、听话、不顽皮。其实,社交恐惧实际上是孩子自卑的一种外部表现,这时候孩子的心理已经出现了一定的问题。

而孩子社交恐惧根源其实在于妈妈。因为这些孩子在生活中常受到妈妈的批评，有时只是因为一个小小的过错而遭到妈妈过分严厉的训斥，甚至受体罚，有时则因为妈妈情绪不好而毫无道理地把情绪发泄到孩子身上。孩子在这种家庭里，便容易产生惧怕心理，孩子甚至不能辨别该做什么，该说什么，什么是对的，什么是不对的。

孩子大多数时间生活在恐惧和焦虑之中，他们从妈妈的行为中得出这样一个结论：自己很无能，总是做错事，是个一无是处的孩子。这类孩子长大后，可能会有程度不等的社交恐惧倾向，严重者会成为社交恐惧症患者，变得内向、孤独，人也会变得消极、悲观，无法正常结交朋友，无法建立稳定的人际关系。

细心的妈妈可能会发现，具有社交恐惧症的孩子会非常依赖自己，出门对自己几乎是寸步不离，其实这是一种典型的人际依赖心理。在心理学中，依赖是心理断乳期的最大障碍。当孩子进入青春期后，他已经具备了一定的独立意识，但对别人的依赖仍常常困扰着他。随着身心的发展，他要面对的问题、承担的责任将越来越多。有些孩子感到胆怯，于是他们讨厌成长，这样容易失去自我，遇到问题时，时常祈求他人的帮助，往往人云亦云，优柔寡断，丧失自我主宰的权利，无法形成自己独立的人格。

心理学家们指出，孩子的依赖心理如果长时间得不到纠正，发展下去有可能形成依赖型人格障碍，出现恐惧、焦虑、担心、缺乏安全感等一些负面情绪，会严重影响孩子的人际交往，因此要及时纠正孩子的依赖心理。

## 训练勇气，让孩子在社交场合不退缩

在我们的身边，有很多害羞的孩子，他们不愿意主动与人交流，不愿意在公共场合中出现。其实，不是他们不想，只是害羞的心理在左右着他们，让他们无法逾越这个障碍。

其实，从某种意义上说，害羞本身并不是一个问题，只有当孩子的害羞程度达到让他们无法参与集体活动时，害羞才会阻碍孩子交朋友，有碍学习进步和自尊心的确立，也会降低他们的心理适应能力。

好不容易盼到了周末，蓓蓓很开心，因为妈妈答应这周带她去游乐园玩儿。周六早晨，蓓蓓一改往常周末赖床的坏毛病，不到八点就起床了，并且麻利地洗漱完毕，吃完早饭，就和爸爸妈妈一起出发了。

游乐园里人可真多啊，各个游戏场所前的售票口都排起了长队。爸爸去排队买票，蓓蓓就和妈妈在一旁等着。正巧，妈妈的同事也带儿子来游乐园："哟，蓓蓓都长这么高了，也越来越漂亮了。"妈妈的同事边说边准备把蓓蓓拉到自己怀里，谁知蓓蓓却一下子躲到了妈妈的身后。

"来，蓓蓓，跟阿姨和弟弟问声好。"妈妈边说边拉了拉蓓蓓。

可蓓蓓紧紧拽着妈妈的后衣角，死活不肯出来。

"这孩子，就是害羞，怕见生人，一见到生人就躲，其实她平时在家话可多呢。"妈妈有点尴尬。

两个人又寒暄了几句，便各自走开了。这时候，蓓蓓才从妈妈的身后出来。妈妈不明白："孩子都初二了，怎么还这么害羞呢？跟人说句话有什么

## 第十四章
### 建立自信，让孩子勇敢地去交朋友

好怕的呀？"

经过研究，心理学家发现孩子没有勇气在社交场合进行必要的交谈，其实是自信心不足的表现。一般来说，缺乏自信心的孩子有这几种表现：害怕去面对新的事物，认为自己缺乏能力，总是害怕失败，给自己造成沉重的心理重负；当有人提问时，常低头不语，害怕面对别人的关注，总想躲开别人的注意；总是过分依赖熟悉的成人，不敢独自去面对事情，缺乏独立生活能力；对自己特别挑剔，不满意自己的行为结果；很难与伙伴建立友好关系，表现得很孤独。

从这些表现我们可以看到，缺乏自信心对孩子的成长是极为不利的，它往往使得一个原本颇具才华、极有希望实现梦想的孩子，因怯懦退缩没有正常的人际交往而得不到良好发展。这通常是因为孩子小时候遭受的打击造成的。孩子对自己的认识总是以他人为镜，需要通过与他人进行比较，把自己的形象反射出来而加以认识。孩子在交往过程中，往往以同龄人为参照系，吸取更多的信息，更清楚地确定自我形象。

有一个孩子小时候本来想在众人面前演唱一首歌。可没想到，他看到这么多人时，却忘了歌词，这使他尴尬之极。从那以后，他变得不敢当众讲话了。

有一个叫于博的小孩经常去邻居家玩，可有一次他无意中听到邻居孟然的妈妈在警告孟然："别让于博来咱家了，烦死人了，下次他再来你赶紧打发他走。"这个男孩悄悄地缩回了已经踏入门槛的一条腿，从此之后，他再也不喜欢与人交往了。

如果孩子看到或听到别人在某种交往情境中遭受挫折和拒绝，自己就会感到痛苦、羞耻、害怕。这种"间接经验"会不自觉地影响他们对人际交往的看法。离开母体，孩子就以一个独立的个体存在，随之就慢慢形成自我的意识。

所以，妈妈要多给这样的孩子以抚慰，多对他们进行勇气训练。比如鼓励孩子在人多的场合讲话，多交朋友。羞怯的孩子，担心别人瞧不起自己而不去交友。这时妈妈就应该鼓励他，首先让亲朋好友或比较熟悉的孩子与他一起玩，克服他对交往的恐惧心理，然后再鼓励他在同学中交朋友。当孩子带朋友到家中时，妈妈要表现出热情，别不当一回事，以增加他的勇气。

## 别以"保护"的名义"离间"孩子

在孩子成长的道路上，存在着一个非常温柔的陷阱，那就是那些过分庇护孩子的妈妈自己挖掘的，掉进陷阱里的孩子，由于被剥夺了犯错误和改正错误的机会，从而也失去了长大成人的权利。

保护孩子是妈妈的天性，每一位母亲都对孩子倾注着满腔的热爱。没有妈妈的保护，孩子是很难长大成人的。然而，过度的保护却没有益处，只会使孩子变得软弱无能，缺乏自主性和独立性。

据报载，一名8岁的小男孩，仅仅因为偶然的迷路，他母亲便痛下"不再让儿子离开自己半步"的决心，并辞去公职，留在家里照看儿子。这样的事例，在生活中是很少见的，但家长对孩子过分呵护，凡事顺着孩子，生怕孩子饿着、累着、受委屈的现象却不是个别。据心理学家们调研，更有甚者，妈妈干脆帮孩子做家庭作业，收拾学习用品，到教室帮孩子值日打扫学校卫生区等。一个四年级的学生上课没带课本，老师问他为何不带课本，他却振振有词地说："还不是我妈忘记装了！"

有一位母亲，在孩子很小的时候和丈夫离异，她便把全部的爱转移在孩子身上，好吃好穿地任他挑，在家想干什么就干什么，想要什么母亲就帮他买什么，恨不得把天上的月亮也摘给他。母亲的娇惯和纵容，使他滋生了

# 第十四章
## 建立自信，让孩子勇敢地去交朋友

"唯我独尊"的心理。在学校里霸气十足，不听老师的话；在家稍不如意，就拍桌子摔碗；在社会上经常与人打架斗殴，最终走上了抢劫的犯罪道路。

心理学家们发现，妈妈的过分"保护"已经导致如今孩子某些生理、心理机能退化。一些妈妈一方面在学业上拼命给自己孩子"加压"，另一方面又为他们在生活上尽可能地创造很好的条件，这便导致现在的孩子大脑"发达"、四肢无力。在舒适的环境中，孩子人体中的某些机能正在逐步退化。因为他们生活的需要很容易得到满足，几乎不用克服什么困难，不用付出，也就没有发展。孩子成长过程中用于发展自己能力的机会就这样被妈妈打着"保护"的名义"离间"了。

另外，心理学家们发现，妈妈过度保护孩子的做法其实是一种自私心理的反映。因为过分溺爱的背后，一定会有对孩子行动的禁止和干涉。妈妈们总是按照自己的意愿去爱孩子，总是站在大人的角度去判断何事该做，何事不该做，从来没有问过孩子是否真的就需要这样的保护。尽管这些都是出自对孩子的爱心和关怀。但是妈妈们有没有想过，孩子会在这种连续"禁止"中，逐渐失去表达自己要求的能力，甚至会变成"无力量""无意欲""无关心"的"三无人类"。

从某种意义上说，过度保护孩子，是一种无形的"离间"。离间了孩子独立生活的权利，离间了孩子自主选择的意愿，也离间了孩子长成参天大树所需要的土壤和"钙质"。试想这该是一种怎样的悲哀。

河北某县一所小学举行"奔向新世纪"象征性长跑，跟着跑的、在路边围观的妈妈比学生还多。她们不时冲自己的孩子大喊大叫："别跑，慢慢走好！""吃得消吗？吃不消趁早退出来！""别逞强了，走不动妈妈开车捎你！"

从小学生队伍中，传出这样的回答："谁让你送，快回去！""烦不烦！都被人家笑死了！"回来后他们曾对前来采访的记者说："这样的爱我们真受不了！"

也许，妈妈们应该放低自己的姿态，听听孩子内心深处的声音，真正将自己的关怀和保护用在刀刃上，给孩子们多一些自由成长的阳光、温度、水分、空气……别让你的孩子在"腻歪"了的爱中苟延残喘，倍感"生命不能承受之轻"。

更为重要的是，不管妈妈多么想保护孩子，他们一旦融入集体生活，就有一种强烈的独立意识，他们会把这种"过分的关心"看成是很没面子的事。可以说，当孩子们离开家长时，平时在妈妈温暖的怀抱下软化的独立意识开始得到了复苏。过度的保护看似一种爱护，到头来却会害了孩子，所以做妈妈的一定要把自己的爱"收"起来一半，留给孩子成长的机会。

# 第十五章
## 爱得多不如爱得对，提高爱的质量

爱，是不带条件的

有一种错叫溺爱

"我都是为了孩子好"是谬论

不当母爱毁掉孩子一生

母爱父爱大不同

职场女性也能做个好妈妈

# 爱，是不带条件的

妈妈爱孩子，按道理说，孩子就应该感到非常幸福，对妈妈也应充满感激之情。然而，多项调查结果显示，目前在我国多数学龄孩子的心目中，妈妈往往既不是他们最亲爱的人，也不是他们最崇拜的人，而是最不理解他们、最不讲理的人。很多孩子不但不觉得自己幸福，反而认为自己是最辛苦的人。

诚然，造成这种局面的原因很多，比如传统中国式的家庭教育习惯、现行教育体制的不完善等。但从根本上讲，造成当今孩子与父母之间互不理解、有隔阂的原因，主要还是因为父母爱孩子的附加条件太多，令孩子在享受来自父母的爱的同时，也背负上了太多的心理负担，承受了难以承受的心理压力。如果这种形式的爱得不到改善的话，那么随着孩子的成长，他必然就会开始抵触甚至是反抗，因而也就自然与父母隔阂疏远，严重时还会出现敌对的现象。

也许妈妈们并不觉得自己给孩子爱的同时强加了条件，但仔细反思自己的行为，就不难找到一些线索。例如，你是否对孩子说过如下的话：

"听话！妈妈只喜欢听话的孩子！不听话我就不要你了！"
"你学习成绩好才是好孩子，妈妈才会爱你！"
"妈妈养大你这么不容易，你一定要好好争气，不然我就不再爱你了。"
"为了你，我天天这么辛苦。"
"你是我们的希望，我们愿意为你做任何事，只要你好好学习。"
……

## 第十五章
### 爱得多不如爱得对，提高爱的质量

很多妈妈是否都对孩子说过此类的话呢？这些就是有条件的爱。当妈妈说出这句话时，或者心里有这种想法时，就证明妈妈对孩子的爱是有条件的了。这样的条件存在于如下的潜台词中：你必须服从我，遵照我的指令去做，按照我的设计去成长，否则我就不爱你。乖乖地听话，取得好成绩，考上好学校，给妈妈挣得脸面和荣耀……不满足这些条件，妈妈就不爱你，甚至将你逐出家门。

例如，当妈妈说出"你是我们的希望，我们愿意为你做任何事，只要你好好学习"时，好好学习就成了妈妈爱孩子的条件，也是孩子得到妈妈爱的前提。如果孩子不能取得令妈妈满意的好成绩，就会受到妈妈的责怪，或是在心理上给自己背上沉重的负担。长此以往，孩子就会迁怒于学习，而学习也就成了横在妈妈和孩子之间的一座高山。这座山不搬走，孩子和妈妈的关系就很难融洽。

在心理学上，这种条件式的爱被命名为"非爱行为"，即指以爱的名义，对最亲近的人进行一种非爱掠夺。这非但不会令孩子感受到你的爱，对你产生感恩之情，反而会令孩子感受到莫名的压力，令孩子对你越来越反感。

爱孩子是不需要任何条件的。所谓无条件的爱就是全盘接纳你的孩子。美国亲子教育专家盖瑞·查普曼和罗斯·甘伯认为："无条件的爱就是无论孩子的情况如何，都爱他们。亦即不管孩子长相如何，天资、弱点或缺陷如何，也不管我们的期望多高，还有最难的一点是不管孩子的表现如何，都要爱他们。但这并不表示我们喜欢孩子的所有行为，而是意味着我们对孩子永远给予并表示爱，即便他们行为不佳。"

不过，对于有这种习惯的妈妈来说，要改变这种局面不是一件容易的事，它需要一个漫长的过程。最重要的是，妈妈不要再把孩子学习成绩好、孩子的表现符合自己的要求作为爱孩子的条件，而是应该在孩子成长的过程中给予他切实需要的帮助和爱，不用自己带有附加条件的爱使其窒息。只要妈妈在生活中多注意自己的言行，不要再表现出这些"非爱行为"，那么久而久之，这种现象就会渐渐消失。

## 有一种错叫溺爱

苏联著名教育学家马卡连柯警告说:"父母对自己的子女爱得不够,子女就会感到痛苦,但是过分溺爱虽然是一种伟大的感情,却会使子女遭到毁灭。"如果妈妈无视这个警告,一意孤行地认为只要尽力满足孩子的需要就能保证孩子健康幸福地成长,那么你的这种教育方式必然会影响孩子在各个方面的发展,例如当别人帮助他们的时候,这些孩子不会懂得感恩,反倒觉得是理所当然;当他看到别人比自己优秀,他首先想到的不是向别人学习,而是产生沮丧、嫉妒等消极情绪。

此外,溺爱还会令孩子的人格受损。在溺爱下长大的孩子,在家中依赖父母,日后在外面宁愿依赖同事、依赖上司,也不愿自己创造,不敢表现自己,害怕独立,又或者他喜欢做一个"小霸王",自私自利,不尊重父母兄弟姐妹,脾气暴躁,性格极端。这些都意味着他的人格还没有趋于成熟和健全。

小帅小时候一直跟爷爷奶奶生活,读小学才回到城里父母的身边。小帅的妈妈总觉得亏欠孩子,出于补偿心理,她对孩子百依百顺、有求必应,尤其是物质方面的要求。渐渐地,小帅就从一个乖孩子变成了一个小霸王,一旦妈妈满足不了他的需求,他就发脾气,扬言不写作业,不上学,甚至要离家出走。

但是,小帅的妈妈总以为孩子长大了就会好的,所以对小帅的这些行为总是忍气吞声,息事宁人。可是,小帅并没有因为长大了就懂事了,他变得越来越好逸恶劳。再到后来,他干脆领着几个同学逃课偷偷出去上网,并且

# 第十五章
## 爱得多不如爱得对，提高爱的质量

用妈妈给的零花钱请客，大手大脚。直到这时，小帅的妈妈才有些害怕了，可是却不知道怎么才能让孩子变好。

妈妈们应该明白，溺爱孩子实际上剥夺了孩子生活中许多重要的东西。妈妈首先要学会放开自己的双手，让孩子自己系鞋带，即使速度很慢，迟到了他会因此受到批评；如果系到一起，走路摔倒了他会感到疼痛，但是所有这些代价，都是让他学会正确做事的前提。不然，他将在未来错失更多的机会，付出的代价也会更惨痛。

溺爱看起来最富有牺牲精神，但其实是世界上最懒惰的爱。实际上，很多妈妈都已经意识到了溺爱的坏处，但是她们却还是走上了这条路，这是为什么呢？

其实每个人心中都藏着两个"我"。一个是"内在的父母"，即我们现实中的父母角色与理想中的父母角色的内化；另一个是"内在的小孩"，也就是我们对自己童年体验的记忆和自己理想童年的内化。溺爱的心理秘密是妈妈把这个"内在的小孩"投射到了自己的孩子身上。她把现在的孩子当作自己，按照自己曾经幻想的爱来给孩子。比如那些从小生活贫困的妈妈，她们通常会在物质上满足孩子的一切要求，因为她潜意识里极端排斥贫苦的日子，所以她不断满足孩子的物质要求，其实是在满足自己"内在的小孩"的物欲。妈妈们无节制地给予孩子爱，其实是无节制地满足自己的欲望。溺爱表面上看是牺牲自己满足孩子，心理真相却是在宠爱自己的同时牺牲了孩子。

每个妈妈都应该反思一下自己对孩子的爱。你是不是在按照自己的想法爱孩子，你是不是希望自己有一个和孩子一样的童年呢？如果答案是肯定的，请你反省一下自己的行为，也许你正在有意无意地溺爱孩子。

孩子是需要经历挫折才能健康成长的，溺爱只会让孩子养成不好的生活习惯和性格。被溺爱的孩子很难遵守规矩，也不懂得自我约束，在他看来，规矩都是为别人准备的，与自己无关。

妈妈的爱不是越多越好，千万不要让你的爱泛滥成灾，最终将孩子的人生淹没在你的爱中。

##  "我都是为了孩子好"是谬论

美国家庭心理咨询师茱迪丝·布朗在《都是为了你好》一书中指出:"在家庭中,妈妈有着强大的需求,但是这些需求往往被高尚的托词乔装遮掩,暗中扭曲孩子的生活。""都是为了你好"就是最常用来遮掩妈妈内心需求的高尚托词之一。

孩子不想吃饭时,妈妈端着碗在身后追着喂:"再吃一点吧,为了你的营养,为了你的身体好!"

妈妈给孩子报了钢琴班、美术班、舞蹈班、英语班,每天陪着孩子东奔西跑,上课练习考证:"为了你的将来着想,为了你的前途好!"

孩子恋爱了,妈妈对其喜欢的对象横挑鼻子竖挑眼:"这个人不行,我们给你介绍更好的。别伤心别生气,我们都是为了你好!"

无论孩子做什么,妈妈都会参与其中,干涉孩子的想法:"听我的,这都是为了你好!"

茱迪斯·布朗还曾经说过:"妈妈们自欺欺人的通病就是,他们为孩子做的一切,无论如何满足了他们自己,却说成是为了孩子。"

"我都是为了孩子好"表面看起来很有道理,实际上却非常荒谬。在这个旗号下,妈妈不仅参与孩子所有的行为,强迫孩子接受妈妈的选择,甚至还会指导孩子何时何地应该以何种方式表达自己:委屈不许哭、失望不许生气、高兴不许喊、对妈妈的话要抱着感激的心情、对妈妈要时刻感恩戴德……

但是请妈妈们安静地思考一下之后扪心自问:"你呕心沥血所做的一切,真的都是为了孩子好吗?"

## 第十五章
### 爱得多不如爱得对，提高爱的质量

冬季的一天，气温骤降。听到有人敲宿舍的门，小秀站起来去开门。打开门一看，自己的妈妈拿着一件羽绒服出现在自己面前。原来是妈妈听说降温，冒着刺骨的寒风骑车来给上大学的小秀送羽绒服。

小秀感到啼笑皆非，她告诉妈妈自己并不需要羽绒服。"我这里有足够的保暖衣服。这么冷的天，我们都在宿舍里念书，不会出去的。再说，您顶着大风来给我送衣服，就不怕自己生病啊？"

妈妈听了孩子的一番话，十分恼怒地说："我这不是怕你冷吗？怎么了，我关心你不对吗？我这不是为了你好吗？你怎么这个态度？"说完扔下衣服扭头就走了。小秀追出来让妈妈进屋坐一会儿，她好像没听见，连头都没回。

妈妈感到很委屈，她觉得自己这样心疼女儿，顶着寒风去送冬衣，简直是个伟大的英雄！一路上，她都在想象女儿看见自己时会多么的感激涕零。然而女儿的表现让她失望极了，孩子不但不领情，还将她拱手送上的温暖拒之门外。

女儿也很委屈，她觉得自己已经能够照顾自己了。这么多同学的妈妈都没有来，偏偏只有自己的妈妈来了，小题大做。妈妈总是命令自己无条件地接受关怀，也不看孩子到底是不是需要。

"我都是为了你好"，凡是这样说话的妈妈，内心都有一种自以为是的态度，她把自己当成孩子生活的总指挥，是居高临下的"救世主"，这样的妈妈总是在说："听我的，我知道什么是对你最有益的！"

但是"都是为你好"的隐含意思是"我为你好才这么要求你，所以你不论喜不喜欢，都必须照办"。实际上这里面存在着一个假设，就是出发点好结果就一定好，但是这个假设是不成立的。另外还包含了一个前提：孩子自己不知道什么对自己好，所以一切都要听妈妈的。对于很小的孩子，这一点或许是事实，但是对于比较大的孩子来说，相信是没人会认同的。

事例中的这位妈妈认为自己是伟大的，无论何时女儿都应该满怀感激地接受，否则就是没有良心。然而，这位妈妈的做法仅仅是照顾到了自己的利益，却丝毫没有考虑女儿的感受。茱迪丝·布朗将这种"爱"称作"慈祥的虐待"。实际上,这种"爱"所带来的心理伤害,绝对不亚于暴力行为留下的创伤。

当孩子质疑妈妈的行为时,妈妈用一句"我都是为了你好"蛮横地拒绝了孩子的意见。因为这句话的潜台词就是"我的动机是为你好,所以你无权质疑我的行为,即使事实证明我错了,我也不需要道歉,而且你下次仍然应该无条件地服从我。我整天都在为你好,你应该记住我的恩情,你欠我的。"妈妈怀揣着如此蛮不讲理的想法,哪个孩子还敢表达自己的意见呢?这时妈妈扮演的是"债权人"和"施予者"角色,扮演这种角色的目的是要保持对孩子的控制。于是妈妈就这样轻而易举地实施了对孩子的精神控制。

在这句话的威胁中成长的孩子往往既不会表达愤怒,也不怎么会表达爱。他经常压抑自己的愤怒和感情,习惯于以别人的标准要求自己,而且不敢和妈妈做直接的交流,因为交流之前他的脑海中就已经浮现出了妈妈大怒的样子。

常把这句话挂在嘴边的妈妈们请好好反思一下,"都是为孩子好"真的是为孩子好吗?你真的确定你为孩子选择的就是最好的吗?你是不是用这句话扼杀了自己孩子原本存在无限可能的人生?妈妈们一定要时刻提醒自己,不要用爱限定孩子的人生道路,孩子的生活要孩子自己去创造。哪怕他们在生活中走了弯路,撞了满头包,那也是他们生活的一部分,这些经历会让他们自己的人生更加富有激情,而且妈妈们不妨放松一下自己的心情这样想:"也许孩子选择的人生比我设定的要辉煌得多。"

## 不当母爱毁掉孩子一生

上海市曾经做过这样一项调查,结果显示:上海有24.39%的中小学生曾经有过一闪而过的自杀想法,5.85%的孩子曾计划自杀。

# 第十五章
## 爱得多不如爱得对，提高爱的质量

浙江健康教育研究所对全省中小学生的调查显示：13.3%的学生曾认真考虑或计划自杀，4.9%的人尝试过自杀，34.2%的学生曾经考虑离家出走。

俗话说"少年不知愁滋味"。那么是什么让这些本该无忧无虑的孩子"愁"到想自杀呢？

"我为了你的学习花了那么多钱，你怎么还有时间踢球，而不把学习搞好"，"你不能一个人出去，外面很乱很危险"，"你快去看书，衣服我来洗"……这些话是不是很耳熟呢？听起来，这些全都是"爱"的语言，但是实际上这真的是妈妈们无私的爱吗？其实这是一种以"爱"的名义对孩子进行控制的手段，妈妈们用这些话逼迫孩子按自己的意愿做，这给孩子带来了极大的心理压力和精神伤害，因此，妈妈的"爱"也就成了孩子"愁"的重要来源之一。

每个妈妈的心里都应该是爱孩子的，但有时候妈妈却常常有意无意地做出错误的举动，最可怕的是，在做出这些行为的时候，妈妈仍然认为自己这么做是为了爱孩子。心理学上把这些行为称为"非爱行为"，它是指以"爱"的名义，对最亲近的人进行的一种非爱掠夺。

妈妈和孩子之间的"非爱行为"主要有以下几类：

第一种是带附加条件的爱。我们在前文中提及过。

第二种是没有原则的爱。妈妈无原则地满足孩子的任何要求，孩子要什么给什么；闯了祸也不用紧张，因为妈妈会替他承担责任；挨了欺负妈妈出面摆平，丢掉工作也没关系，妈妈养着。表面上看，这是一种富有牺牲精神的"爱"， 实际上这是非常严重的毒害。这种"爱"，远非无私，而是极端自私。在"爱"的名义下隐藏的是施"爱"者对受"爱"者强烈的控制欲。

第三种是依赖性的爱。孩子是妈妈的"精神寄托"甚至是"精神支柱"。妈妈把自己全部的希望都放在孩子身上，孩子万一有个闪失，妈妈就活不下去。妈妈甚至可能明确地告诉孩子："我就是为你活着呢！你千万不能让我伤心、失望，那样跟杀了我没什么区别！"人们通常将这种依赖误以为是爱，实际上这是对孩子无言的束缚和伤害。

第四种是永远无法满足的爱。孩子考试得了98分，妈妈会说："怎么没得100分？"孩子学会了弹奏一首钢琴曲，妈妈说："什么时候才能考过十级啊？"孩子参加体育比赛得奖，妈妈说："四肢发达、头脑简单有什么用？"孩子唱歌很好听，妈妈说："你别想着能够成为歌手，考试得第一才是你生活的重点！"总之，妈妈的期望就像一个个无底洞，无论孩子得到怎样的成绩，都永远无法满足妈妈的愿望。

第五种是向孩子讨债的爱。"为了养你，我没评上职称，都是你拖了我的后腿！""我身体这么虚弱，都是让你给气的！"这些妈妈把自己放在"牺牲者"的位置上，整天唠叨着自己为孩子"牺牲"了什么，放弃了什么，抱怨孩子没有偿还这些"债务"，而且还动不动就被孩子"气"病了。

其实，是否生育子女是妈妈的选择，为了子女放弃某些事情也是妈妈的选择，妈妈应该有勇气为自己的选择负责，而不是当生活不如意时把责任一股脑儿推到孩子身上。

实际生活中，每个妈妈身上都会或多或少地出现一些"非爱行为"，虽然这些行为很难避免，但是却可以通过妈妈的反省来减少。如果妈妈从不反省"非爱行为"对孩子造成的伤害的话，那不仅是妈妈的失职，更是孩子的悲哀。

## 母爱父爱大不同

一个幼儿园开了这样一次班会，主题是"假如我有一把锁"。其中一个孩子这样回答："我想锁住爸爸的车、手机、电脑，这样爸爸就能和我一起玩了。"

一些中小学也对开家长会的情况进行了调查，他们发现一个班上来参加家长会的大多数是妈妈，爸爸通常只有屈指可数的几位。在接送孩子的队伍中，爸爸的身影也并不多见。一位当医生的爸爸说："儿子今年5岁了，但是我除了能在经济上满足他的要求,几乎没有时间跟他一起玩。白天工作忙,等我回家孩子已经睡着了。周末经常加班,儿子基本上是妻子在照顾。"

中国家庭的传统模式是"男主外、女主内",很多家庭都是父亲在外赚钱养家,教育孩子的重任落在母亲一个人肩上。实际上,父亲在家庭教育中的作用同样重要。近几年,在家庭教育领域,"父性教育"受到越来越多的关注。

什么是"父性教育"呢?"父性教育"就是对孩子提供充满父亲角色特性的教育,也就是主要由父亲来实施体现父亲人格特征的家庭教育。专家们强调,"父性教育"和"母性教育"有机结合才是完整的家庭教育。

一家幼儿园曾经做过这样的调查:"爸爸和妈妈,你可以任意选择一个一起来做游戏,你会选谁?"调查结果显示三分之二的孩子选择父亲作为第一游戏伙伴。

其实孩子有这样的选择并不奇怪。如果说母爱像水一样温柔,那么父爱就像山一样刚毅,父亲是勇敢、果断、坚强、豁达的代表。父亲胆子大,能够保护孩子的探索欲和好奇心,而母亲则更倾向于安全不冒险的活动。不过,不冒险也意味着缺少创造性,因此母爱和父爱对幼儿的智力影响是有差异的。孩子从母亲那里接受的大多是语言、物品用途和艺术性等方面的知识,而父亲则通过与孩子一起发明更多的活动方式给予他们更广阔的知识,大大提高孩子的动手能力、创新意识,促进孩子求知欲、好奇心的发展。

家庭教育中,父亲的参与对男孩形成男性气质起到决定性作用。男孩会通过仔细观察父亲的行为来形成自己的价值观。如果父亲不尊重妻子,经常发火,儿子就会对母亲和其他女性采取同样的态度;如果父亲酗酒,儿子以后也会成为一个"酒鬼"。如果父亲在家中能够成为一个很好的榜样让孩子效仿,这会比起责骂、惩罚和哄骗等手段有效得多。 所以,如果希望自己的儿子成长为一个有用的人,作为父亲不仅要诚实可信、自律、关心他人,同时还要用心经营自己的家庭,起到一个丈夫和父亲应有的作用。

"儿子需要父亲做榜样,那么女儿有妈妈做榜样就可以了,有女儿的爸爸就可以无事一身轻了。"是这样的吗?实际上,父爱对于女儿同样不可或缺。父亲对女儿的影响主要表现在自信心上。这可能是因为父亲对女儿评价往往不多,表达方式也与母亲不同,所以女儿似乎更看重父亲的赞赏。如果父亲经常夸奖自己的女儿漂亮、优秀,女儿就会不知不觉自信起来;如果父亲总是认为女儿很不起眼,或经常夸奖其他的女孩,那么孩子就会变得自卑。

很多父亲还有这样的错误想法:"孩子还小,妈妈先照顾,他长大之后我再教育也不迟。"事实上,出生6周的婴儿就能分辨出父亲与母亲说话时的差别;当他们开始说话时,一般会先喊"爸爸";开始学步的幼儿往往会去寻找自己的父亲;宝宝在电话里听到爸爸的声音也会感到惊喜;十岁后的孩子则会通过与父亲竞争、挑战父亲表达自己对父亲的需要;当父亲离别或者去世时,孩子们会发现自己对父爱的需要是那么强烈并持久不变。

因此,每个父亲应该充分认识到自己在子女成长过程中的特殊作用,给予孩子更多的关心、理解,建立良好的亲子关系,为孩子树立好的榜样。作为孩子的母亲,更应关心自己的丈夫是否能给予适当、恰当的父爱。毕竟,只有当母爱和父爱两股洪流同时注入孩子的心田中去时,孩子才更有可能长成一个健康的人。

## 职场女性也能做个好妈妈

西西的妈妈是一个事业家庭都处理得特别好的职业女性。她在大公司的人力资源部门做主管,工作很是繁忙,但尽管这样,也没妨碍她把西西培养成一个开朗活泼、大方有礼的小淑女。

每当爸爸妈妈带着西西参加朋友聚会时,几家的小朋友一起玩耍,年纪不大的西西总是人缘儿最好的那个。小妹妹爱跟在她身后玩耍,因为西西姐

## 第十五章
### 爱得多不如爱得对，提高爱的质量

姐能帮忙保护她不被胖林林欺负；康康他们几个小男孩也很乐意跟西西一起玩，因为她不像别的女孩那样娇里娇气地动不动就哭鼻子。

朋友们为此时常向西西妈妈取经，询问职业女性应该如何做好妈妈。

据相关报道，中国"上班族妈妈"数量超过3.2亿。这一数据意味着每天有很多妈妈需要兼顾工作和家庭，在做好专业工作的同时，还不能忽略了孩子的身心健康成长。

一份朝九晚六的普通上班时刻表就会把许多认真工作，又牵挂孩子成长的妈妈弄得辛苦不堪。因为，这个时刻表意味着妈妈在早上孩子出门上学之前就要出门，在晚上孩子已经学了一天，玩了一会儿即将要入睡的时刻才能赶回家。这种生活节奏无疑会让妈妈错过很多与孩子相处的时光。

在一部根据畅销小说改编的美国动画片《鬼妈妈》中，一名十来岁的小女孩卡罗琳由于爸爸妈妈过于繁忙疏于照顾她，闲极无聊的时候在家里转来转去，发现一扇奇怪的门，门后有着另一个和现实生活中一模一样的"家"，最吸引她的是，那儿有一个眼睛是纽扣缝制而成的"妈妈"。这个妈妈比现实生活中的妈妈了解自己的喜怒哀乐，还能一直陪着自己玩耍，卡罗琳一度觉得这个有着纽扣眼睛的妈妈比现实生活中的妈妈还要好，如果这个"妈妈"不是坏女巫的话，她真想跟这个妈妈在一起……

虽然动画片仅仅是故事，但这也从另一个方面论证了发展心理学上的一个观点：父母需要在孩子幼年特别是3岁以前，与其建立良好的亲子关系。如果这种亲子关系没有建立好，将会影响孩子一生安全感的建立，影响孩子的社会适应能力、情商以及谋取个人幸福等能力的发展。

那么，对于职业女性而言，如何在工作之余做一个"好妈妈"？简而言之，就是用时间碎片拼接起幸福温暖的亲子时光。

妈妈早晨起床前，花几分钟时间与孩子一起躺在床上，用孩子能懂的语言和孩子聊聊天。

与孩子相处时肌肤亲密一番，比如轻轻刮刮孩子的小脸，挠挠他与他嬉戏片刻，这种亲密接触不仅能让孩子感受到妈妈的关爱，也能让妈妈一整天的好心情有个好的开始。

妈妈上班前，一定要跟孩子说再见道别，禁止偷偷"离开"，不要小瞧孩子的接受能力，如果跟他说明白妈妈是去上班，晚上下班后还会回来，孩子就会理解接受正面的信息，如果一言不发就"不见了"，会让孩子大为恐慌，以为妈妈不要自己或者不喜欢自己，大大影响他的心理健康。

白天上班午休之际，如方便，跟孩子打一通电话，用孩子能接受的语言和他聊聊天。下午下班后，尽量不要把工作带回家。工作应该在上班时间内处理妥当，下班后把工作带回家，对上班族妈妈来说，不仅效率大打折扣，还浪费和孩子相处的难得的"一整块"亲子时光。

下班回家时，妈妈进门第一件事，要呼唤孩子的名字并抱抱孩子，如果孩子还没入睡，妈妈大可以利用吃晚饭、陪孩子游戏、给孩子洗澡、给他讲睡前故事等时间跟孩子互动一番；如果孩子入睡，那么妈妈只需轻轻拥抱着他陪他躺一会儿，孩子对妈妈的怀抱和气味有着天然的敏感度，即使他在熟睡，只要妈妈在身边，他就会觉得安全和温暖。这对亲子关系的建设大有帮助。

此外，妈妈还可以利用好节假日休息日的时间，带孩子外出游玩，与孩子一起准备假日大餐，做家务时分派给孩子简单安全的劳动任务等。总之，上班族妈妈只要能充分利用好各种"零碎"或"整块"的时间，也能做孩子的"好妈妈"。

# 第十六章
## 重视环境,为孩子创建美好的避风港

别让不良环境毁了孩子的未来

每个坏孩子的背后都有不称职的父母

蕴于生活的身教更具说服力

幸福的家里没有"瘾君子"

父母齐心,才能教出好孩子

不完整的家庭也可以很温暖

##  别让不良环境毁了孩子的未来

周某夫妻俩是典型的"麻将迷",每到周末或者假期,他们都是一大早就出去打牌,到深更半夜才回家。而家里5岁的儿子总是被他们锁在屋内一个人看电视。去年春节,周某夫妇算是过足了麻将瘾,几乎每天都外出打麻将,而他们的儿子每天都被留在家里一个人吃方便面。到后来,他们打牌时竟然把儿子也给带上了,牌局一开始,他们就给孩子买来瓜子、水果、糖让他吃,以免孩子打扰到他们。但经过几天的熏陶,小家伙看得多了竟然也学会了,于是,当"三缺一"的时候,他们竟然让儿子来"上岗"顶替,听着别人对儿子的表扬,他们夫妻俩心里还挺高兴。可在寒假要过完的时候,他们发现儿子已经迷上了打麻将,每天都要哭闹着去打牌,而且扬言"不去上学了"。这下,周某夫妻二人才开始担忧了……

大年初五晚上,某电视台的一名记者接到了一名11岁小女孩的电话,她在电话里说:"叔叔,我不希望爸爸打麻将,你有没有什么办法可以让爸爸不打麻将啊?昨天,爸爸又因为打麻将跟妈妈吵架了,妈妈一个人出去了,到现在也没有回来,我自己一个人在家,觉得害怕极了。"之后,小女孩告诉记者,她很喜欢画画,为了让爸爸不再去打麻将,她很努力地画画给爸爸看,但每次爸爸都以各种理由走开了。去年,由于打麻将输了好多钱,妈妈还要和爸爸离婚,当时她害怕极了。她告诉记者:"叔叔,我很害怕,每次看到他们吵架,我都想不如自杀算了。我渴望有一个和睦的家,周末能和爸爸妈妈一起去郊游,但这似乎只能是我的梦想了。"

# 第十六章
## 重视环境，为孩子创建美好的避风港

古人云："与善人居，如入芝兰之室，久而不闻其香，即与之化矣；与不善人居，如入鲍鱼之肆，久而不闻其臭，亦与之化矣。"专家也说：环境对人的影响十分重要，对有孩子的家庭来说，家长的爱好对子女的成长有着直接和间接的影响。常言道：近朱者赤，近墨者黑，孩子儿时最崇拜的人就是自己的父母，加上孩子的判断力不强，很容易受父母的影响。如果父母有不良嗜好，势必会影响到孩子，让孩子也跟着学，从而养成不良的习性。因此，对于那些有不良嗜好，如打麻将、赌博的家长来说，当沉迷在牌桌上、赌局上的时候，一定要先想想自己的孩子。要想给孩子一个健康、快乐的童年和少年生活，让孩子快乐、积极向上地成长和学习，家长就应尽量避免不良环境对孩子的影响。

那么，影响孩子的不良环境一般都有哪些呢？

1. 父母离婚。离婚，对已经成人的父母来说，并不是一件很严重的事情。虽然离婚也会对双方造成心理创伤，但因为"志不同，道不合"而离婚也算是一种解脱，且离婚后，双方还可以继续寻找新的幸福。但对孩子来说就不一样了。年幼的孩子刚刚懂了一点人情世故，还十分依赖父母，这个时候看到父母离婚，他的心理将会遭受很大的打击。此外，离婚之后孩子得到父母共同的关爱和照顾都要少一些，孩子的感情得不到满足，就很容易出现郁郁寡欢、自卑、情绪低沉、学习不积极等现象。

2. 父母的认识不一致。认识不一样，就很容易产生分歧，进而吵架。而且，认识的不一致还会导致对孩子的教育态度和观念不一致，孩子要同时接受两方面的观点，甚至还可能是完全相反的观点，这样势必会造成孩子认识的混乱，由此引发孩子的心理问题。

3. 不适当的娱乐。父母有不适当的娱乐行为，对孩子的影响是非常直接的。打牌、打麻将、赌博等，这些行为一方面会让孩子耳濡目染染上恶习，另一方面就算孩子想专心学习，也很可能因为环境太吵而无法学习，由此引发情绪低落、心情烦躁、学习力下降等。

4. 拜金。很多家长都喜欢用金钱或者一些物质刺激来让孩子完成既定的目标或者作为完成某件事的奖励。这样时间长了，在孩子心中，钱就是很重要的东西，甚至比家长的爱更重。这样的心理，对孩子的成长和生活都会有负面影响。

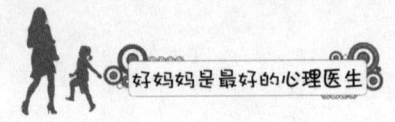

##  每个坏孩子的背后都有不称职的父母

有这样一个小故事。曾经有人对一位母亲说:"你好好管管你的女儿吧,她还这么小,不要总是让她到处乱跑,会出问题的。"可这位母亲只是不在意地说:"没关系,小孩子一般都这样,长大了就好了。"结果,因为小女孩在这样很小的年纪就到处乱跑,后来,她果然和她母亲一样未婚先孕了。这时候,当别人问起时,她母亲就这样说:"没办法啊,这也是遗传啊。"

真的是遗传吗?明明是这个母亲没有尽到自己教育的责任,却硬推给了遗传。由此可以想象,在子女教育的过程中,有多少家长像这位母亲一样,把本该属于自己负责的事情推给了遗传。"没办法啊,我儿子从小就不爱说话。""我女儿天生牛脾气,谁的话都不听。""没辙,这孩子从小就懒。"仔细想想,你是不是也对别人说过这样的话呢?扪心自问,难道真的是孩子从小就这样,天生就这样吗?难道一个刚出生的婴儿就懂得内向和发脾气?显然,答案是否定的。我们应该知道,每个坏孩子的背后一定有一对不称职的父母。与此相反,每个好孩子的背后一定会有一对称职的爸爸妈妈。

美国有一个叫卡尔的爸爸,他以自己的方式教育出了这样一个优秀的儿子:小卡尔八九岁的时候就能自由地运用六国语言交谈,并且通晓数学、化学、植物学、动物学和物理学。9岁的时候,小卡尔进入了莱比锡大学学习,10岁时进入哥廷根大学学习,13岁时,小卡尔出版了《三角术》一书,

## 第十六章
### 重视环境,为孩子创建美好的避风港

不久之后,他被授予哲学博士学位。

或许一些人会说,小卡尔一定是个天才,或者他的聪明才智遗传自他的父亲。不过,事实并非如此。小卡尔并非天才,婴儿时期的小卡尔反应很迟钝,非常痴呆。而他的父亲老卡尔也只不过是一个村庄的牧师。如果说老卡尔给了儿子什么特别的地方,那就是天才的教育。

在老卡尔眼中,每个孩子都是天才,有些孩子之所以后来没有成为天才,是因为他们的天才被压抑了起来,而压抑天才的罪魁祸首就是孩子的父母。老卡尔在他的一本书中写道:"我要说的观点只有一个,那就是'对孩子来讲,倘若家庭教育不好,就是由那些最优秀的教育家来进行最优秀的教育,也不会有太好的结果'。"

说简单一点,孩子就像制作瓷器的黏土一样,他接受了什么样的教育往往会决定他有多大的成就。我们看到,小偷的儿子成为小偷的概率非常大,但这并非绝对,如果那个孩子接受了另一种高尚美好的教育,那么他就会成为一个正直高尚的人,对偷窃十分厌恶。这就是后天教育的影响,它可以让一个孩子从此走向生命的另一极。

因此,爸爸妈妈们,你们要想把孩子塑造成什么样子,就要给孩子进行什么样的教育。如果你们总是打击孩子,骂孩子"你怎么这么笨",那么孩子不仅会性格孤僻愚钝,还可能产生心理畸形。父母应该多夸奖孩子,无论是哪一方面的优点,都应该成为父母关注并且不断重复的赞扬。把"遗传"和"天生"的字眼和观念统统抛掉,对真正好的教育者来说,这是毫无意义的词汇。不要再把一切都推给遗传,父母的教育就是所谓的"遗传",通过父母的言传身教,有意识地培养调教,孩子就会成为别人眼中的"天才",这样,才能真正培养出有能力、有出息的孩子。

 **蕴于生活的身教更具说服力**

小王春节去朋友家做客的时候,看到了这样的一幕。

孩子要喝水,就对奶奶说:"我要喝冷开水,奶奶。"奶奶一边起身给他倒水,一边说:"这么冷的天,喝什么冷开水,给你倒点热的吧!"不料孩子听了,竟大叫起来:"不,我就要喝冷的。"奶奶不管他,只是从水壶里倒出热水,准备稍凉一点再给孩子喝。可孩子一把夺过杯子,把水倒掉了。奶奶再倒一杯水,孩子又把它倒掉……就这样,一老一少纠缠了半天。后来,孩子竟然像个小野兽一样冲奶奶大喊起来。当他爸爸走进来调停的时候,他竟然把爸爸也给吼了一顿。他爸爸苦笑着对我说:"这孩子,经常这样大喊大叫,都拿他没办法。"

其实,不只是这个孩子喜欢大吼大叫,他爸爸也喜欢对别人吼叫,他曾经有一次因为教育孩子的问题而对孩子的奶奶"吼"过,这恐怕也是孩子之所以会大吼大叫的一个原因。很多时候,一些成年人会对亲戚、朋友或同事等一副好脾气,但对自己的亲人却脾气暴躁,可能他们觉得自己的亲人是不会跟自己计较的。但实际上,当你对他们发脾气的时候,他们的心也会难过,而且,你的这种行为会无形中影响到孩子,让孩子在潜移默化中也学会你的坏脾气。

父母暴躁,孩子肯定也会暴躁,坏性格、坏习惯是会代代相传的。很多时候,我们会在孩子身上看到父母的影子,那些前脚对孩子讲不应该随意发脾气,后脚却忍不住跟另一半吵架的父母,给孩子留下的不是忠告,而是坏的行为。这样的行为,会让孩子比记忆一句话更印象深刻并乐于执行。虽然很多时

## 第十六章
### 重视环境，为孩子创建美好的避风港

候，父母的行为并不是自愿的，比如吵架就可能是情不自禁的，但一旦坏的行为发生，就会给孩子树立一个"坏榜样"，让孩子学着去做。

总之，身教的影响远远超过言传。平常生活中，孩子和家人是息息相关、亲密相处的，孩子会时刻受到大人潜移默化的影响，他们会吸收大人身上的一切，一言一行、一举一动甚至是内心的情绪，不管这些是好还是坏，他们都会全盘吸收，不加选择。

周末，祖孙两个去菜市场买菜，爷爷推着车子走，孙子坐在小推车上。从一辆摩托车旁边经过的时候，推车不小心撞倒了摩托车。爷爷迟疑了几秒钟后，就若无其事地继续朝前走了。这时，摩托车的主人发现自己的车子被撞倒了，很气愤，就跑过来讲理。可爷爷呢？他对着车主"义正词严"地讲述了一通大道理，把自己的责任推卸得一干二净，似乎这件事完全跟他没有关系。车主一看是个老人，而且还带着孩子，就没有多说什么，自己扶起了摩托车。

可以想象，下次当孩子撞倒别人的车的时候，他肯定也会学着爷爷的样子"耍赖"，不仅不扶起车子，还可能会骂人。大人是孩子心中的榜样，在孩子还没有形成自己的社会规范和道德规范时，大人的一言一行就是孩子学习的规范。孩子会有意识地模仿大人的行为，不管对错，统统吸纳。所以，如果你想让自己的孩子遵守秩序，拥有良好的道德情操，你就首先要要求自己严格遵守每一条应该遵守的秩序。要明白，孩子不会听我们怎么说，他们会看我们怎么做。你想让孩子好好读书，但却每天晚上在家里打麻将，那孩子是肯定读不好书的；你想让孩子别看电视去学习，自己却津津有味地看着电视，还开很大声，那么孩子也难以真正读进去书；你想让孩子讲礼貌，但自己却不断地抱怨自己的父母，且满嘴粗话，那么孩子很可能不仅不礼貌，而且还很暴力……总之，如果你想让孩子成为什么样的人，做出什么样的事情，你最好自己先保证自己做到，就算做不到，也要尽力去做，给孩子提供一个好的模仿对象。这样，孩子才会在你的身教影响下，拥有正确、健康的道德观和社会规范意识。

##  幸福的家里没有"瘾君子"

所谓"成瘾性",是指人在心理和生理的某种尝试行为中产生了愉悦反应,这种反应的多次重复,形成了人对愉悦刺激补偿的渴求,这种渴求又带来刺激的不断强化,于是就形成了人对这种刺激的依赖。比如烟对人来说,是一种特定刺激物,人们发现抽烟可以使人产生欣快、愉悦和满足的感觉,于是一再抽它,从而形成了对烟的依赖。人们不断重复这一行为,这时一定数量的香烟所带来的快感就降低了,这就需要增加抽烟的次数来获得相同的满足,因此就出现吸烟快感的强化。于是人的烟瘾就会越来越大。酒瘾、网瘾、毒瘾等也是这个道理。对某种事物或者行为成瘾的问题现在已经引起了医学、心理学、社会学等学科的普遍关注。

余意的妈妈是个"赌徒",她总是说"小赌怡情,大赌伤身",所以最开始的时候都小赌小玩,但是发展到现在她不仅每天去赌,且赌额也越来越大,余意和爸爸百般劝阻也不管用。她甚至发展到变卖家产、向人借钱去赌博。其实余意的妈妈也知道这样做不对,但是她不赌心里就难受,就像毒品上瘾那样完全不受自己意识的控制。输了钱的时候,她总是万分后悔,但每次她一想起下次可能会赢很多钱,便止不住地又陷了进去。

三年前,三十多岁的小傅因为应酬,就约了客户到酒吧去玩。期间他喝了一瓶特殊的"可乐",过了几分钟之后,小傅开始头晕,不一会儿整个人好像飘起来一样兴奋无比。原来这瓶"可乐"里掺了止咳药水,这止咳药

# 第十六章
## 重视环境，为孩子创建美好的避风港

水里有一种成分和摇头丸一样，能让人兴奋，起到抗疲劳的作用。小傅认为这不是毒品，所以没在意，可是喝了几次之后，却怎么也戒不掉了。上瘾之后，他整个人也变了，过去他是个好丈夫，也是个好爸爸，可是现在他和家人之间的关系变得越来越淡漠了。

玉娟是两个孩子的妈妈，但是这个妈妈却是个"酒鬼"，"酒龄"已经有15年了。她嗜酒如命，这不仅严重影响了她的事业，还染上了脂肪肝、高血糖等疾病，连脾气都变得十分暴躁和古怪。而且玉娟每次喝完酒之后都控制不住和丈夫还有两个孩子吵架，严重的时候甚至会动手打家人。

现在生活中存在形形色色的"瘾"，比如赌瘾、毒瘾、酒瘾、网瘾……这些瘾不仅危害了当事人的身心健康，还严重影响了家庭和睦，使本来幸福的家变得四分五裂，甚至家破人亡。

除了这些常见的"瘾"之外，生活中还有一些在常人看来比较奇怪的"瘾"。比如工作狂，他们一旦做起事情就无法停下来，除了必要的休息，几乎从不闲着。人们以为这些人是工作上的"拼命三郎"，实际上，这也是一种"瘾"，这些人过于追求完美，只有通过拼命工作，保证他们的地位和能力，才能获得心理的安全感。还有一些人为了赢得赞许，经常强迫自己做出一些行为来满足人们对他的期望，这种现象被称作"表演上瘾"。另外，还有饮食成瘾、购物成瘾等各种奇奇怪怪的癖好。

此外，成瘾程度还有高低之分，但是这些瘾大多都有危害。烟瘾不仅伤害当事人自己的身体，还会间接地损害家人的健康；酒瘾不仅伤身还伤和气；网瘾则耽误了与家人交流相处的时间；工作瘾使家庭氛围变得冷漠；购物瘾造成钱财大量流失；毒瘾则伤财害命，给家庭以及当事人自身带来毁灭性的伤害。

但是就像硬币一样，凡事都有两面性，往往不能一概而论。"瘾"也是如此，虽然大多数的成瘾行为都具有消极的影响，但是有些瘾则具有积极的因素，比如发明成瘾、读书成瘾、爱诗成瘾等，这些都是能带来益处的"瘾"。

妈妈作为营造家庭氛围和养育孩子的核心人物，肩上负有重担，一旦家中

出现"瘾君子",幸福之家就岌岌可危了。妈妈要时刻记住这样一句话:温暖幸福的家庭环境胜过万种良药。如果是其他家庭成员对某种行为上瘾,妈妈不妨来个家人总动员,帮助"瘾"君子从他的世界中走出来。平时多多关心"瘾"君子,多放一些与"瘾"有关的影视、广播、图片和实物等来引导成瘾者认识到"瘾"的坏处,也可以采取家庭讨论的方式,帮助成瘾者纠正他的错误认知。而那些"瘾君子"妈妈则要积极接受家人的引导,多多参加家庭活动,把自己的注意力转移到有益的活动中来。有的时候,虽然老习惯戒除了,但是一段时间内情感需求并未告终,这时候就要用一种有益身心健康的新习惯来代替老习惯所产生的满足感,如当酗酒的人又想喝酒时,不妨让吃些平时爱吃的零食,或者干脆和家人出去做做运动,散散步,也可以和孩子一起听听音乐,玩会儿游戏,这样不仅会慢慢远离那些破坏家庭和谐的"瘾",还可以增进和家人之间的感情。

 ## 父母齐心,才能教出好孩子

琳琳生活在一个富裕的家庭里,爸爸在一家大型公司做部门经理,妈妈在一家医院做主任医师。

不过,爸爸妈妈几乎每天都要因为她的教育问题而发生争执。妈妈总是要求琳琳好好学习,根本不用做家务。到现在,琳琳还没有自己洗过衣服。对此,爸爸倒是觉得,好好学习是应该的,但也该有适当的放松。妈妈总是教育琳琳做人要有心计,而爸爸则教育琳琳要善良、诚实。

于是,琳琳经常面对这样的场景。

刚吃过晚饭,琳琳问爸爸能不能看一会儿《猫和老鼠》再写作业。爸爸觉得这很正常就同意了。但琳琳刚把遥控器拿起来,妈妈就一把抢了过去说:"还不快去写作业!"

## 第十六章
### 重视环境，为孩子创建美好的避风港

对爸爸和妈妈的两种截然不同的教育观点，琳琳常感到无所适从。

一次，爸爸妈妈又因琳琳的教育问题吵了起来，爸爸说了妈妈几句，谁知手里拿着牙签盒的妈妈一急，直接把手上的盒子朝爸爸砸了过去。牙签一下子撒得到处都是，琳琳被妈妈的举动吓了一大跳。

从那次事件之后，琳琳就变得越来越沉默，在家的时候也是半天不说一句话，且经常把自己关在房间里。上课时，她也常常注意力不集中，成绩由名列前茅退到了中后的位置。

由于接受的是父母截然相反的教育方式，琳琳最终自己也不知道到底该听谁的。这种疑惑得不到解决，久而久之，琳琳的心理就处于一种混乱状态。这种现象刚好印证了心理学上的"手表定律"。

"手表定律"就是当一个人只带一块手表时，他能知道现在是几点，但当他带着两块或更多手表在身上时，却难以确定准确的时间，并且也失去了把握准确时间的信心。"手表定律"告诉人们：做一件事情的时候，只能有一个指导原则和价值取向。尼采说："兄弟，如果你是幸运的，你只需要有一种道德而不要贪多，这样，你过桥会容易些。"同样，在教育孩子的时候，父母之间的教育方针不能常常出现矛盾，比如总是给孩子设定两个截然相反的目标等。这样矛盾的教育会让孩子无所适从，无法形成自己的价值体系，就连行为也会陷入混乱。

对任何一件事，都不要同时设置两个不同的目标，否则会使人无所适从；对一个人，也不能同时选择两种不同的价值观，否则他的行为将陷于混乱。

在教育孩子的观念上出现矛盾的时候，父母双方最好可以"模糊处理"。矛盾出现的时候，父母双方应该互相妥协，先冷静克制自己，避免在孩子面前暴露出矛盾。事后，再针对教育孩子的不同想法，采取一定的"补救"措施，尽量让思想趋于统一，千万不要给孩子制造两个价值观。

如果父母是教育观相悖的话，那么除了混淆孩子的价值观之外，还会让孩子产生错觉和偏见。比如当妈妈的要求比较简单或语言比较委婉时，孩子就会将之与爸爸较严格的要求和直接的话语做对比，产生妈妈更爱自己的成见。这

样,孩子就会倾向于按照妈妈的要求去做,对爸爸形成抵触心理。如此一来,孩子和爸爸之间的隔阂就会加深,既不利于孩子的健康成长,也不利于亲子关系的发展。因此,在教育孩子的问题上,父母双方一定要战线统一,以将孩子教育好为目标,千万不可互争高低,弄得爸爸妈妈和孩子"三败俱伤"。

 ## 不完整的家庭也可以很温暖

莎莉上幼儿园的那年,她的爸爸妈妈离婚了。

那天,爸爸妈妈整整坐了一个晚上,说了一夜的话,或许是因为莎莉太小没有记住这些话,但她只记得爸爸说的一句话:"你走吧,由我来向莎莉解释。"

妈妈已经走了好几天了,莎莉每天都在等着爸爸所谓的解释。

或许爸爸把他说的话给忘了,他仍旧像以前一样接送莎莉上学,给莎莉在学前班的家长手册上仔细填写她又学会的新字、又听到的新故事及纠正莎莉左手写字画画的情况。这些事情,在其他同学家里都是妈妈来做的,但在她家里却一直是爸爸来做。

每次,奶奶看到这些,就会叹气地说莎莉的妈妈"心早就不在啦",这时,爸爸就会马上用眼神制止奶奶,似乎在隐瞒什么。不过,莎莉并不追问,她相信总有一天爸爸会向她解释的。

妈妈走了快一个星期了。又是一个晚上,爸爸合上给莎莉读的故事书,帮莎莉压了压被角,就像平常讲故事一样对她说:"你一定听过很多天使的故事吧。每一个天使飞到一个地方后,发现那里有人很冷,有人很饿,有人在受苦,有人需要帮助,于是她就会留下来当差,做他们的父母兄弟。但如果一切都很好的话,天使就不用当差了,她们就会放心地飞走,继续寻找需要她帮助的人。在这个世界上,爸爸妈妈就是天使,是专门飞来照顾孩子

## 第十六章
### 重视环境,为孩子创建美好的避风港

的,在咱们家里,只要爸爸一个人就能照顾好莎莉了。所以,妈妈就放心地把莎莉留给爸爸,自己飞去一个叫澳大利亚的地方,像不当差的天使一样……"

莎莉还很小,但她听明白是怎么回事了,那就是妈妈离开了。

这是莎莉在以后的生活中,听到过的父母在孩子面前对"离婚"做出的最美、最好、最阳光灿烂的解释。

事例中的爸爸给女儿做了一个幸福又单纯的解答。这样的回答是一种单纯形态的幸福,是人们生活中苦苦追寻的就算是最大的幸福也无法比拟的幸福。很多事情,只要我们解释得当,就算再不快乐,在孩子听来也会觉得美好,而不会留下阴影。

现实中,每个妈妈都希望自己的孩子拥有健康的心灵,能够快乐地成长,那么怎样才能让孩子永远保持一颗快乐的童心呢?

1. 妈妈要想方设法让孩子天天快乐。轻松愉快的情绪可以让孩子顺利地进行各种活动,因此,妈妈应该尽量使孩子处于一种兴高采烈的状态。妈妈要给孩子树立良好的榜样,时时刻刻保持自己的良好情绪,以自己的乐观向上去感染孩子,让他也生活在轻松愉快的氛围中。

2. 让孩子感受到妈妈的可亲可敬。家庭内部民主平等的人际关系是孩子心理健康的"维生素"。充分尊重孩子,认识到他也是一个独立的人,有自己的情感和需要,放下做妈妈的架子,让孩子感受到自己和妈妈是平等的。妈妈做错事、说错话时,要勇于向孩子承认错误。

3. 让孩子认识自我。孩子能否正确地认识自己、评估自己,是其心理健康的一项重要指标。帮孩子形成良好的自我意识,发展他的自尊心,提高他的自我意识水平,让他认识到世界上只有一个"我","我"是独特的,"我"很能干等。

4. 让孩子对任何事情都拿得起,放得下。跟朋友吵架了,他会很快忘掉,不记仇;挨妈妈训斥了,就算哭了,也很快会破涕为笑;老师批评了,他不会老是怀恨在心。妈妈要培养孩子当哭则哭,当笑则笑,受到表扬就高兴蹦跳,

受到批评就掉眼泪,绝不掩饰和做作。

　　孩子的认识主要来自于妈妈,妈妈一定要尝试用美妙的语言来解释一切,就像莎莉的爸爸一样,那么再残忍的事情孩子也不会感到难过,而只会觉得快乐和美好。